首饰设计与工艺系列丛书

Jewel CAD
首饰设计表现

卢言秀 著
滕 菲 主审
刘 晓 主编

人民邮电出版社
北 京

图书在版编目（CIP）数据

Jewel CAD首饰设计表现 / 卢言秀著；刘骁主编
. —— 北京 : 人民邮电出版社，2022.8
（首饰设计与工艺系列丛书）
ISBN 978-7-115-58705-3

Ⅰ．①J… Ⅱ．①卢… ②刘… Ⅲ．①首饰－计算机辅
助设计－应用软件 Ⅳ．①TS934.3-39

中国版本图书馆CIP数据核字(2022)第027937号

内 容 提 要

国民经济的快速发展和人民生活水平的提高不断激发国民对珠宝首饰消费的热情，人们对饰品的审美、情感与精神需求也在日益提升。近些年，新的商业与营销模式不断涌现，在这样的趋势下，对首饰设计师能力与素质的要求越来越全面，不仅要具备设计和制作某件具体产品的能力，同时也要求具有创新性、整体性的思维与系统性的工作方法，以满足不同商业的消费及情境体验的受众需求，为此我们策划了这套《首饰设计与工艺系列丛书》。

本书是关于JewelCAD珠宝设计的图书。全书分为13章：第1章至第3章，主要讲解了软件界面及菜单命令的具体使用方法；第4章至第7章为软件的初级运用，以款式简单的首饰制作实例为主，也包含一些较常用配件的制作方法讲解；第8章至第10章为软件的中级运用，制作难度较前面有一定的提高，包含宝石戒指、套链、腕饰的制作方法讲解；第11章至第13章为按照设计图纸进行实操的内容，该部分主要是要求设计者参照图纸来制作首饰模型，在制作难度上有了一定的提升，包含情侣戒指、异形珍珠三件套、蝶恋花套链等的制作方法讲解，其中套链的制作难度较大，整体造型较复杂，需要制作多个分件。

本书结构安排合理，内容翔实丰富，具有较强的针对性与实践性，不仅适合珠宝设计初学者、各大珠宝类院校学生及具有一定经验的珠宝设计师阅读，也可帮助他们巩固与提升自身的设计创新能力。

◆ 著　　　　卢言秀

主　审　滕　菲

主　编　刘　骁

责任编辑　王　铁

责任印制　周昇亮

◆ 人民邮电出版社出版发行　　北京市丰台区成寿寺路 11 号
邮编　100164　电子邮件　315@ptpress.com.cn
网址　https://www.ptpress.com.cn
廊坊市印艺阁数字科技有限公司印刷

◆ 开本：787×1092　1/16
印张：13　　　　　2022 年 8 月第 1 版
字数：333 千字　　2025 年 1 月河北第 4 次印刷

定价：99.00 元

读者服务热线：(010)81055296　印装质量热线：(010)81055316
反盗版热线：(010)81055315
广告经营许可证：京东市监广登字 20170147 号

丛书编委会

主　　审：滕　菲

主　　编：刘　骁

副主编：高　思

编　　委：宫　婷　韩儒派　韩欣然　刘　洋

　　　　　卢言秀　卢　艺　邰靖文　王浩铮

　　　　　魏子欣　吴　冕　岳建光

丛书专家委员会

推荐序 I

开枝散叶又一春

辛丑年的冬天，我收到《首饰设计与工艺系列丛书》主编刘骁老师的邀约，为丛书做主审并作序。抱着学习的态度，我欣然答应了。拿到第一批即将出版的 4 本书稿和其他后续将要出版的相关资料，发现从主编到每本书的著者大多是自己这些年教过的已毕业的学生，这令我倍感欣喜和欣慰。面对眼前的这一切，我任思绪游弋，回望二十几年来中央美术学院首饰设计专业的创建和教学不断深化发展的情境。

我们从观察自然，到关照内里，觉知初心；从视觉、触觉、身体对材料材质的深入体悟，去提升对材质的敏感性与审美能力；在中外首饰发展演绎的历史长河里，去传承精髓，吸纳养分，体味时空转换的不确定性；我们到不同民族地域文化中去探究首饰文化与艺术创造的多元可能性；鼓励学生学会质疑，具有独立的思辨能力和批判精神；输出关注社会、关切人文与科技并举的理念，立足可持续发展之道，与万物和谐相依，让首饰不仅具备装点的功效，更要带给人心灵的体验，成为每个个体精神生活的一部分，以提升人类生活的品质。我一直以为，无论是一枚小小的胸针还是一座庞大博物馆的设计与构建，都会因做事的人不同，而导致事物的过程与结果的不同，万事的得失成败都取决于做事之人。所以在我的教学理念中，培养人与教授技能需两者并重，不失偏颇，而其中对人整体素养的培养是重中之重，这其中包含了人的德行，热爱专业的精神，有独特而强悍的思辨及技艺作支撑，但凡具备这些基本要点，就能打好一个专业人的根基。

好书出自好作者。刘骁作为《首饰设计与工艺系列丛书》的主编，很好地构建了珠宝首饰所关联的自然科学、社会科学与人文科学，汇集彼此迥异而又丰富的知识理论、研究方法和学科基础，形成以首饰相关工艺为基础、艺术与设计思维为导向，在商业和艺术语境下的首饰设计与创作方法为路径的教学框架。

该丛书是一套从入门到专业的实训类图书。每本图书的著者都具有首饰艺术与设计的亲身实践经历，能够引领读者进入他们的专业世界。一枚小首饰，展开后却可以是个大世界，创想、绘图、雕蜡、金工、镶嵌……都可以引入令人神往的境地，以激发读者满怀激情地去阅读与学习。在这个过程中，我们会与"硬数据"——可看可摸到的材料技艺和"软价值"——无从触及的思辨层面相遇，其中创意方法的传授应归结于思辨层面的引导与开启，借恰当的转译方式或优秀的案例助力启迪，这对创意能力的培养是行之有效的方法。用心细读可以看到，丛书中许多案例都是获得国内外专业大奖的优秀作品，他们不只是给出一个作品结果，更重要和有价值的，还在于把创作者的思辨与实践过程完美地呈现给了读者。读者从中可以了解到一件作品落地之前，每个节点变化由来的逻辑，这通常是一件好作品生成不可或缺的治学态度和实践过程，也是成就佳作的必由之路。本套丛书的主编刘骁老师和各位专著作者，是一批集教学与个人实践于一体的优秀青年专业人才，具有开放的胸襟与扎实的根基。他们在专业上，无论是为国内外各类知名品牌做项目设计总监，还是在探究颇具前瞻性的实验课题，抑或是专注社会的公益事业上，都充分展示出很强的文化传承性，融汇中西且转化自如。本套丛书对首饰设计与制作的常用或主要技能和工艺做了独立的编排，之于读者来讲是很难得的，能够完整深入地了解相关专业；之于我而言则还有另一个收获，那就是看到一批年轻优秀的专业人成长了起来，他们在我们的《十年·有声》之后的又一个十年里开枝散叶，各显神采。

党的二十大以来，提出了"实施科教兴国战略，强化现代化建设人才支撑"，我们要坚持为党育人，为国育才，"教育就像培植树苗，要不断修枝剪叶，即便有阳光、水分、良好的氛围，面对盘根错节、貌似昌盛的假象，要舍得修正，才能根深叶茂长成参天大树，修得正果。"[注] 由衷期待每一位热爱首饰艺术的读者能从书中获得滋养，感受生动鲜活的人生，一同开枝散叶，喜迎又一春。

辛丑年冬月初八

注：滕菲：《十年·有声——中央美术学院与国际当代首饰》，中国纺织出版社，2012，第 14 页

推荐序 II

随着国民经济的快速发展，人民物质生活水平日益提高，大众对珠宝首饰的消费热情不断提升，人们不仅仅是为了保值与收藏，同时也对相关的艺术与文化更加感兴趣。越来越多的人希望通过亲身的设计和制作来抒发情感，创造具有个人风格的首饰艺术作品，或是以此为出发点形成商业化的产品与品牌，投身万众创业的新浪潮之中。

《首饰设计与工艺系列丛书》希望通过传播和普及首饰艺术设计与工艺相关的知识理论与实践经验，产生一定的社会效益：一是读者通过该系列丛书对首饰艺术文化有一定的了解和鉴赏，亲身体验设计创作首饰的乐趣，充实精神文化生活，这有益于身心健康和提升幸福感；二是以首饰艺术设计为切入点探索社会主义精神文明建设中社会美育的具体路径，促进社会和谐发展；三是以首饰设计制作的行业特点助力大众创业、万众创新的新浪潮，协同构建人人创新的社会新态势，在创造物质财富的过程中同时实现精神追求。

党的二十大报告指出"教育是国之大计、党之大计。培养什么人、怎样培养人、为谁培养人是教育的根本问题。"首饰艺术设计的普及和传播则是社会美育具体路径的探索。论语中"兴于诗，立于礼，成于乐"强调审美教育对于人格培养的作用，蔡元培先生曾倡导"美育是最重要、最基础的人生观教育"。首饰是穿戴的艺术，是生活的艺术。随着科技、经济的发展，社会消费水平的提升，首饰艺术理念日益深入人心，用于进行首饰创作的材料日益丰富和普及，为首饰进入人们的日常生活奠定了基础。人们可以通过佩戴、鉴赏、消费、收藏甚至亲手制作首饰参与审美活动，抒发情感，陶冶情操，得到美的享受，在优秀的首饰作品中形成享受艺术和文化的日常生活习惯，培养高品位的精神追求，在高雅艺术中宣泄表达，培养积极向上的生活态度。

人们在首饰设计制作实践中培养创造美和实现美的能力。首饰艺术设计是培养一个人观察力、感受力、想象力与创造力的有效方式，人们在家中就能展开独立的设计和制作工作，通过学习首饰制作工艺技术，把制作首饰当作工作学习之余的休闲方式，将所见所思所感通过制作的方式表达出来。在制作过程中专注于一处，体会"匠人"精神，在亲身体验中感受材料的多种美感与艺术潜力，在创作中找到乐趣、充实内心，又外化为可见的艺术欣赏。首饰是生活的艺术，具有良好艺术品位的首饰能够自然而然地将审美活动带入人们社会交往、生活休闲的情境中，起到滋养人心的作用。通过对首饰艺术文化的了解，人们可以掌握相关传统与习俗、时尚潮流，以及前沿科技在穿戴体验中的创新应用；同时它以鲜活和生动的姿态在历史长河中也折射出社会、经济、政治的某一方面，像水面泛起的粼粼波光，展现独特魅力。

首饰艺术设计的传播和普及有利于促进社会创业创新事业发展。创新不仅指的是技术、管理、流程、营销方面的创新，通过文化艺术的赋能给原有资源带来新价值的经营活动同样是创新。当前中国经济发展正处于新旧动能转换的关键期，"人人创新"，本质上是知识社会条件下创新民主化的实现。随着互联网、物联网、智能计算等数字技术所带来的知识获取和互动的便利，创业创新不再是少数人的专利，而是多数人的机会，他们既是需求者也是创新者，是拥有人文情怀的社会创新者。

随着相关工艺设备愈发向小型化、便捷化、家庭化发展，首饰制作的即时性、灵活性等优势更加突显。个人或多人小型工作空间能够灵活搭建，手工艺工具与小型机械化、数字化设备，如小型车床、3D 打印机等综合运用，操作更为便利，我们可以预见到一种更灵活的多元化"手工艺"形态的显现——并非回归于旧的技术，而是充分利用今日与未来技术所提供的潜能，回归于小规模的、个性化的工作，越来越多的生产活动将由个人、匠师所承担，与工业化大规模生产相互渗透、支撑与补充，创造力的碰撞将是巨大的，每一个个体都会实现多样化发展。同时，随着首饰的内涵与外延的不断深化和扩大，首饰的类型与市场也越来越细分与精准，除了传统中大型企业经营的高级珠宝、品牌连锁，也有个人创作的艺术首饰与定制。新的渠道与营销模式不断涌现，从线下的买手店、"快闪店"、创意市集、首饰艺廊，到网店、众筹、直播、社群营销等，愈发细分的市场与渠道，让差异化、个性化的体验与需求在日益丰富的工艺技术支持下释放出巨大能量和潜力。

本套丛书是在此目标和需求下应运而生的从入门到专业的实训类图书。丛书中有丰富的首饰制作实操所需各类工艺的讲授，如金工工艺、宝石镶嵌工艺、雕蜡工艺、珐琅工艺、玉石雕刻工艺等，囊括了首饰艺术设计相关的主要材料、工艺与技术，同时也包含首饰设计与创意方法的训练，以及首饰设计相关视觉表达所需的技法训练，如手绘效果图表达和计算机三维建模及渲染效果图，分别涉猎不同工具软件和操作技巧。本套丛书尝试在已有首饰及相关领域挖掘新认识、新产品、新意义，拓展并夯实首饰的内涵与外延，培养相关领域人才的复合型能力，以满足首饰相关的领域已经到来或即将面临的复杂状况和挑战。

本套丛书邀请了目前国内多所院校首饰专业教师与学术骨干作为主笔，如中央美术学院、清华大学美术学院、中国地质大学、北京服装学院、湖北美术学院等，他们有着深厚的艺术人文素养，掌握切实有效的教学方法，同时也具有丰富的实践经验，深耕相关行业多年，以跨学科思维及全球化的视野洞悉珠宝行业本身的机遇与挑战，对行业未来发展有独到见解。

青年强，则国家强。当代中国青年生逢其时，施展才干的舞台无比广阔，实现梦想的前景无比光明。希望本套丛书的编写不仅能丰富对首饰艺术有志趣的读者朋友们的艺术文化生活，同时也能促进高校素质教育相关课程的建设，为社会主义精神文明建设提供新方向和新路径。

记于北京后沙峪寓所

2021 年 12 月 15 日

序言
PREFACE

　　珠宝首饰设计中的计算机辅助软件已有多种，如犀牛、3ds Max、ZBrush、 Matrix、JewelCAD 等。一些其他领域的专用软件同样也可以用于制作珠宝首饰模型，还有一些是软件开发者延伸开发的专门用于珠宝首饰设计的软件，这说明用计算机辅助设计珠宝首饰已越来越受重视。

　　JewelCAD 是一款专门用于制作珠宝首饰模型的软件，本书从基础的认识软件、软件功能写起，再进一步深入中级实例及按照图纸制作阶段，是一个循序渐进的学习过程，这对初学者或者刚入门的从业者有较好的帮助。JewelCAD 是一款 3D 建模软件，用于实际的生产制作。这对作图者有更进一步的要求，即作图者不仅要能熟练操作软件，更重要的是要对珠宝首饰制作工艺（金属工艺）有深入的了解，这样才能将首饰模型准确地制作出来，从而用于实际生产。所以，为达到较好的学习效果，在进一步深入学习前，读者应对珠宝首饰制作工艺有一定的了解，在此基础上，才能够根据工艺要求将款式较复杂的首饰准确地制作出来。另外，本书包含一些与珠宝首饰制作工艺相关的数据，在此仅作参考，实际运用时应根据所在公司或工作室的工艺需求来定。

　　要成为一名优秀的首饰设计师，是要经过很长一段时间的学习与积累的。刚开始工作的几年是关键时期，这一阶段需要熟练掌握首饰制作工艺，这对 JewelCAD 的实际运用起到了至关重要的作用。在此也建议各位读者时刻关注首饰制作工艺，JewelCAD 的运用离不开首饰制作工艺的指导。

作者

2022 年 1 月

Contents **目录**

目录 Contents

Contents **目录**

第 1 章

JewelCAD
软件简述

CHAPTER 01

本章主要介绍 JewelCAD 的相关信息，包括软件的用途、曲面成体特点及软件的安装注意事项。

JewelCAD 软件简介

JewelCAD 是珠宝首饰制作行业的专业建模软件，它实现了首饰制作与加工的自动化、便捷化，自开发以来便受到了国内外珠宝首饰制作者的青睐。

JewelCAD 的操作界面如图 1-1 所示。JewelCAD 中的工具类型多样，分类清晰，各个工具的用法简单易学，较为灵活，其可以输出的文件格式满足了多种加工类型的需求。

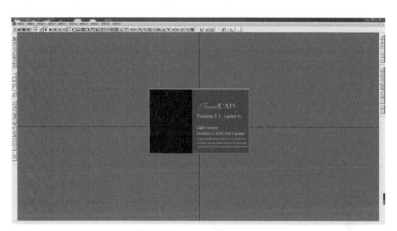

图 1-1 JewelCAD 的操作界面

JewelCAD 的曲面成体特点

JewelCAD 是三维立体建模软件，了解其曲面成体特点有助于深入理解成体工具的运用方法。

1. 切面

JewelCAD 中的曲面是三维的物体，有一定体积和立体造型。切开曲面，能够清晰地看到曲面的切面形状，切面形状是曲面造型的重要部分，如图 1-2 所示。

2. 成体特点

JewelCAD 中的实体成型操作主要分为先通过曲线绘制出形状，再使用曲面工具进行成体操作。实体包括实心体和线状体，如图 1-3、图 1-4 所示。

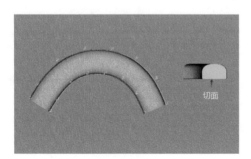

图 1-2 曲面切面

图 1-3 实心体及其成体切面

图 1-4 线状体及其成体切面

实心体成体前需要绘制一条外轮廓曲线，根据其造型可以选择直接成体或者通过切面辅助成体，该切面可以控制实心体的表面造型。线状体需要 2 条、3 条或者 4 条外轮廓曲线和一个切面实现成体，并且每条外轮廓曲线上的

CV 点数量必须相同。线状体也是由曲线控制整体造型的实体，其切面控制线状体本身的造型，如图 1-5 所示。

以上为 JewelCAD 中曲面成体的基本特点，在具体的操作中还需灵活运用工具，才能将珠宝首饰的造型更好地表现出来。

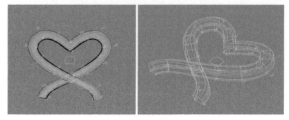

图 1-5 线状体

JewelCAD 软件安装

◆配置要求

JewelCAD 的安装较为简单，由于它是建模软件，因此对计算机的配置有一定要求。

（1）Intel 或 AMD 处理器，主频至少 1GHz。

（2）512GB 内存，至少有 500MB 硬盘交换空间（推荐选用 1GB 内存及 2GB 硬盘交换空间）。

（3）1024 像素 ×768 像素、16 位色显存的图形卡（推荐选用 256MB 显存、1280 像素 ×1024 像素，24 位色的 3D 图形加速器）。

若计算机配置较低，不仅运行速度慢，还会出现强制退出的情况。计算机配置越高，使用 JewelCAD 作图的速度越快。

◆安装过程

（1）插入安装盘或者准备好安装文件。

（2）双击安装文件，弹出"JEWEL 5.19 安装"对话框，单击"下一步"按钮，如图 1-6 所示。

（3）在"JEWEL 5.19 安装"对话框中选择程序文件夹或者新建程序文件夹，单击"下一步"按钮，如图 1-7 所示。

图 1-6 安装向导

图 1-7 选择程序文件夹

（4）开始安装软件程序，提示安装完成后，单击"完成"按钮，如图 1-8 所示，桌面中会出现 JewelCAD 快捷方式。

图 1-8 安装完成

（5）插入加密狗，双击 JewelCAD 快捷方式，即可打开软件。

第 2 章

JewelCAD
初认识

CHAPTER 02

本章主要介绍 JewelCAD 的界面与视图信息，旨在帮助读者充分认识
软件界面、理解视图关系，对学习软件功能及软件使用方法有重要作用。

认识 JewelCAD 界面

该软件的语言默认为英文，先将其语言转换为中文：执行"File"菜单中的"Language"命令，弹出"Choose Language"对话框，如图 2-1 所示，选择"Simplified Chinese 简体中文"选项，单击"OK"按钮后，英文界面转换为中文界面。

软件语言更改为中文后，原来的"Language"命令变换为"Change to English"命令，执行"File"菜单中的"Change to English"命令，可转回英文界面。

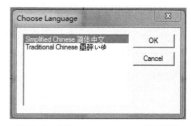

图 2-1 "Choose Language"对话框

◆ 标题栏

JewelCAD 的标题栏中显示了当前打开文件的名称及所处视图的名称。新建的文件没有保存之前，文件名称默认为 Untitled。当界面中显示了多个视图时，标题栏中只显示文件名称，视图名称则显示在每个视图的标题栏中，多个视图的标题栏如图 2-2 所示。界面中只显示了一个视图时，文件名称右侧会显示视图名称，单个视图的标题栏如图 2-3 所示。

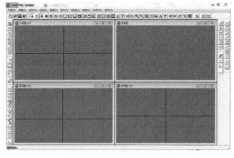

图 2-2 多个视图的标题栏

图 2-3 单个视图的标题栏

◆ 菜单栏与工具列

JewelCAD 中的菜单栏与其他软件的一样，包含软件中的全部操作命令，命令旁的字母或者数字为对应的快捷键，如图 2-4 所示。

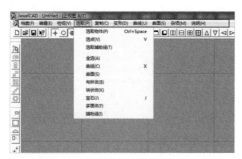

图 2-4 菜单栏

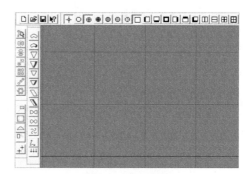

图 2-5 部分工具列

软件中的常用工具会以工具列的形式显示在界面上方和左侧，以方便操作，这些工具的功能与菜单栏中相应命令的功能一致，如图 2-5 所示。

◆制图区

JewelCAD 的制图区中包含背景、网格线、轴线，如图 2-6 所示。更改背景颜色可以设定制图时的视觉效果；网格线的尺寸一经设定后即为固定尺寸，用于辅助确定物体大小；轴线用于标记界面中心位置。

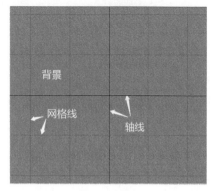

图 2-6　制图区

认识 JewelCAD 视图

读者在作图时需要从多个视图制作并观察物体，所以认识、理解视图之间的关系对首饰的建模有重要的作用。作图的第一步是准确地选择视图，如戒圈要显示在正视图中，吊坠正面图要显示在上视图中等，如图 2-7 所示。

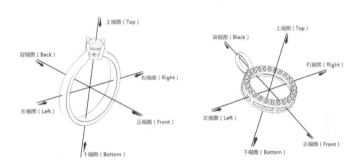

图 2-7　不同视图

1. 正视图（Front）与背视图（Back）

正视图的观察视角在物体的前方，与正视图相对的是背视图（Back），其观察视角在物体的后方，这两个视图主要用于显示物体的高度。

2. 侧视图

侧视图包括右视图（Right）和左视图（Left），通过侧视图可以观察物体的右侧及左侧，以及物体的整体高度。

3. 上视图（Top）与下视图（Bottom）

上视图的观察视角在物体的顶部，与上视图相对的是下视图（Bottom），其观察视角在物体的底面，这两个视图主要用于显示物体的主要款式。

4. 立体图（3D）

立体图包含多个视角，进行相应操作后可以从任意角度观察物体。

第 3 章

JewelCAD
菜单命令详解

CHAPTER 03

本章主要介绍 JewelCAD 中的菜单命令及其操作方法，这是首饰建模的核心内容。通过本章的学习，读者将能够制作造型简单的首饰模型。

基本操作

JewelCAD 中的基本操作命令包括"档案"菜单、"编辑"菜单、"检视"菜单及"选取"菜单中的命令，这些命令在建模过程中主要完成辅助性任务。

◆ 档案菜单

"档案"菜单主要用于对软件的相关文档进行操作，有"储存视窗""插入档案""系统设定"等命令，如图 3-1 所示。

图 3-1 "档案"菜单

1. 开新档案

"开新档案"是建立新文件的命令，即新建一个绘图界面。需要注意的是，JewelCAD 没有自动保存功能，所以在建立新文件及操作过程中要注意保存文件。

2. 开启旧档

"开启旧档"是打开已有文件的命令。执行该命令或者单击 按钮，会弹出"Open"对话框，找到并选中要打开的文件，单击"打开"按钮，或者双击文件，文件内容即刻显示在制图区中，标题栏中也会显示打开文件的名称。使用"开启旧档"命令打开的文件格式只能是 JCD，其他格式的文件不能被打开，如图 3-2 所示。

3. 插入档案

"插入档案"是插入文件的命令。在已打开的文件中，执行该命令后，插入文件中的物体会全部出现在当前文件中，隐藏的物体会出现在隐藏界面中。该命令可以把一些经常使用的物体，如宝石碗、镶爪等，直接调入现有文件中，以减少制作时间。

操作步骤：在已打开的文件中执行"插入档案"命令，弹出"打开"对话框，如图 3-3 所示；双击要插入的文件，这时当前界面中会出现插入文件中的全部物体，隐藏物体会出现在隐藏界面中。

图 3-2 "Open"对话框

图 3-3 "打开"对话框

注意：专门用于插入的文件中包含物体的种类不要太多，最好只包含一种物体，这样在被插入其他文件中时，不会出现太多不需要的物体，如图 3-4 所示。

4. 储存档案

"储存档案"是保存当前已打开文件的命令。在使用 JewelCAD 制图的过程中要经常执行该命令，或者单击 🔲 按钮，以确保文件不会因为计算机故障而丢失。在文件的保存过程中会产生两种格式，分别是 JCD 格式和 BAK 格式，JCD 为软件的正常使用格式，BAK 为备份格式。

5. 另存新档

"另存新档"是在不覆盖当前文件的基础上将当前文件另存为新文件的命令，新文件的名称要区别于原来文件的名称或保存于其他位置。

6. 储存视窗

"储存视窗"是存储当前界面为图片的命令。执行该命令后，会弹出"另存为"对话框，如图 3-5 所示，输入名称，选择图片存储位置及保存类型（BMP 或者 JPG），单击"保存"按钮后，当前界面将被存储为图片。

7. 资料库

执行"资料库"命令，打开"JewelCAD 资料库"对话框。"JewelCAD 资料库"对话框中包含一些首饰的基础造型，品类较多，如首饰款式、零部件、异形宝石及各种宝石碗。可以将它们插入文件中使用，减少制作时间，初学者也可以将它们插入文件中辅助学习工具的操作方法，以更好地认识软件功能，如图 3-6 所示。

资料库中的文件可以根据情况增加或者减少。增加文件的方法：将制作好的 JCD 文件以英文命名（如 Flower），在安装 JewelCAD 的 Datebase 系统文件夹里，找到存放与增加文件品类相同的文件的文件夹（如 Parts1），将其放入里面，如图 3-7 所示；同时将其存储为 100 像素×100 像素的 BMP 格式图片，以相同的名称放入该文件夹，完成增加文件的操作，如图 3-8 和图 3-9 所示。减少文件只需将其对应的 JCD 文件与 BMP 文件同时删除即可。

名称

- 1.5mm虎爪镶
- 1.5mm爪镶
- 2mm包镶
- 3mm爪镶
- 3乘5心形曲线面
- 5mm心形爪镶
- 5mm圆形包镶切面
- 7乘9水滴爪镶
- 轨道镶嵌切面

图 3-4 专门用于插入的文件

图 3-5 "另存为"对话框

图 3-6 "JewelCAD 资料库"对话框

图 3-7 保存文件

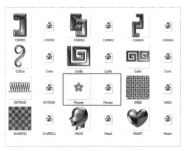

图 3-8 存储相同名称的图片文件

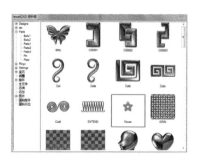

图 3-9 完成增加文件的操作

8. 输入

使用"输入"命令,可输入与 JewelCAD 兼容的文件,可输入文件的格式有 DXF、IGES 和 STL 三种,如图 3-10 所示。文件输入 JewelCAD 后,界面中显示的网格线变得更加密集,如图 3-11 所示。

图 3-10 "打开"对话框

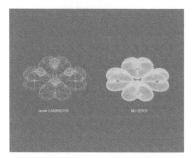

图 3-11 输入文件的网格线

9. 输出

"输出"是输出 JCD 文件为其他格式的命令。根据输出的具体要求,有 DXF、IGES、STL 及 JCV 格式可以选择,如图 3-12 所示。

10. 系统设定

"系统设定"子菜单中包含 3 个命令:颜色、资料夹、热键。

(1)颜色。

"颜色"是设定操作区颜色的命令,有"背景颜色""轴线颜色""网格颜色""选取物件颜色"4 个设置对象。执行该命令后,会弹出"颜色设定"

图 3-12 "另存为"对话框

对话框,左侧为设置对象的名称,右侧相对应的位置是颜色色块;单击色块会弹出"颜色"对话框,选择颜色,单击"确定"按钮,结束命令,如图 3-13 所示。

注意:所设置颜色之间要区分有度。网格颜色与背景颜色要有区分但不可差别太大;轴线在整个界面中起显示界面中心的重要作用,轴线颜色一定要醒目;另外,选取物件颜色在界面中需要足够清晰,应避免设置容易与其他物体混淆的颜色。

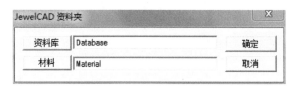

图 3-13 操作区颜色设定

(2)资料夹。

该命令用于设定常用资料库和材料库的存储位置,方便在作图时使用。默认的资料库和材料库的存储位置为 Datebase 和 Material 系统文件夹,制图者也可以根据需求另外创建新文件夹作为资料库、材料库的存储位置。执行"资料夹"命令,打开"JewelCAD 资料夹"

图 3-14 "JewelCAD 资料夹"对话框

对话框,如图 3-14 所示。单击"资料库"或"材料"按钮,弹出"浏览文件夹"对话框,如图 3-15 所示,选择

图 3-15 "浏览文件夹"对话框

相应的文件夹，单击"确定"按钮，"资料库"或"材料"右侧的文本框中会显示新的资料库或材料存储位置，如图 3-16 所示。

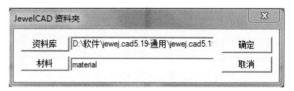

图 3-16 完成设置

（3）热键。

"热键"是设置快捷键的命令。用户在对软件操作较为熟练的情况下，可以根据个人习惯设定快捷键，方便快速地选择工具，加快作图速度。执行该命令后，会弹出"热键"对话框，其中显示了系统默认的快捷键。在设定时，选中指令名称，单击"设定热键"按钮，在弹出的对话框中设置字母、数字或者符号为快捷键，为了避免重复，也可加上 Ctrl 或者 Shift 键做区分，如图 3-17 所示。

热键设定完成后，单击"储存热键档"按钮，可将设定好的热键以 HKY 格式保存起来。在遇到更换计算机或者其他情况需要再次设置热键时，直接单击"载入热键档"按钮，找到存储的热键档文件，单击"打开"按钮，热键会根据文件内容完成设置。

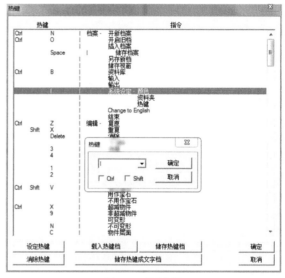

图 3-17 设定热键

"储存热建成文字档"是将当前热键以 TXT 格式进行存储的按钮，在使用热键初期起到方便记忆的作用。

"消除热键"是取消所选中指令热键的命令。

注意：设定命令的热键时，不能出现相同的热键，若相同，"热键"对话框中位置靠前的命令的热键有效，另外一个命令的热键无效。

11. Language（Change to English）

该命令是更改软件语言的命令。JewelCAD 的语言默认为英文，用户可以将其转换为中文，具体步骤见第 2 章。

12. 结束

"结束"是关闭 JewelCAD 的命令，其功能等同于 ▊▊×▊ 按钮。"结束"命令上方会按照打开先后顺序显示最近使用的 10 个 JCD 文件的名称及位置，单击文件名称即可将其打开。

◆ 编辑菜单

"编辑"菜单中的命令主要用于对物体整体进行相应操作,以方便后续使用其他工具进行更具体的调整,如展示 CV、隐藏宝石等,如图 3-18 所示。

在 JewelCAD 中对物体进行编辑或者其他操作时,首先要选取物体,所以在学习编辑命令之前,要学习选取物体的方法。"选取物件"命令位于"选取"菜单中,也可以单击工具列中的 按钮。

1. 复原

"复原"是取消上一步操作的命令,快捷键为 Ctrl+Z。复原的次数有限,系统会弹出对话框提示不能继续复原。

2. 重复

"重复"命令的次数有限,系统会弹出对话框提示不能重复。

3. 消除

"消除"是删除选中物体的命令,可使用快捷键 Delete 进行操作。

4. 不消除

"不消除"是撤销删除操作的命令,按照删除的顺序进行恢复。

图 3-18 "编辑"菜单

5. 隐藏 / 不隐藏

JewelCAD 的界面中有一个隐藏界面,在做局部操作时,可以把暂时不需要操作的物体隐藏起来,方便作图。选中物体,执行"隐藏"命令后,该物体就被移到隐藏界面中了;执行"不隐藏"命令,所有之前隐藏到隐藏界面中的物体就会全部显示出来。

6. 交替隐藏

使用"交替隐藏"命令可以交替切换隐藏界面和当前操作界面。如果要将隐藏界面中的一部分物体移回到操作界面,这时可以执行"交替隐藏"命令,到隐藏界面中选中物体,物体就会回到操作界面中;再次执行"交替隐藏"命令,可切回操作界面中继续操作。

7. 隐藏 CV/ 展示 CV

CV 点相当于物体的控制点,可使用调整 CV 点的方法对物体进行局部调整。选中物体,执行"展示 CV"命令,物体的 CV 点就会显示出来,如图 3-19 所示。调整完成后,执行"隐藏 CV"命令,可将物体的 CV 点隐藏起来,如图 3-20 所示。调整 CV 点时,需要选中 CV 点,在讲解"选取"菜单中的命令时将介绍具体方法。

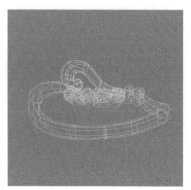

图 3-19 展示 CV

图 3-20 隐藏 CV

8. 隐藏宝石 / 展示宝石

选中包含宝石的物体，执行"隐藏宝石"命令，可以将选中物体中的宝石隐藏起来，包括布林体联集中的宝石。执行"展示宝石"命令，可以将所有隐藏的宝石展示出来。

注意：在展示与金属面联集了的宝石时，需要将金属部分选中才能展示出宝石。

9. 用作宝石 / 不用作宝石

JewelCAD自带的宝石形状有限，必要时可以另外制作所需的宝石形状，制作完成后选中宝石并执行"用作宝石"命令，将物体材料从金属材料改为宝石材料，由此还可以执行"隐藏宝石""展示宝石"等相关命令。执行"不用作宝石"命令可以将物体材料从宝石材料改为金属材料。

10. 超减物件 / 非超减物件

选中物体，执行"超减物件"命令，这时此物体若与其他物体相互重合，系统会把重合部分的其他物体减掉，减掉的结果只在彩色图和光影图中显示，如图3-21所示。再次选中此物体，执行"非超减物件"命令，物体又回到原来的状态，如图3-22所示。

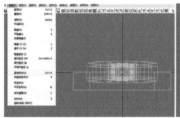
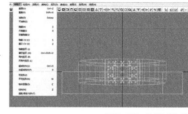

图 3-21 超减物件　　　　　　　　　　　　　图 3-22 非超减物件

11. 可变形 / 不可变形

在JewelCAD中，所有物体最初都可变形。选中物体，执行"不可变形"命令，这样在进行变形操作时物体便不会发生变形；选中不可变形物体，执行"可变形"命令，物体就会回到可变形状态。这两个命令主要用于执行变形操作。

12. 物件层面

在较为复杂的图中，可以使用"物件层面"命令根据颜色将每个物体分层，以方便操作。选中物体，执行"物件层面"命令，在弹出的"层面"对话框中选择颜色，单击"确定"按钮后即可完成颜色分层操作，如图3-23所示。

分层后可以根据颜色对物体进行可视、不可视或者可编辑、不可编辑等操作。图标 ✎ 对应的一列选框控制物体的可编辑与不可编辑状态，当某一颜色的"可编辑"选框未被选中时，界面中此颜色对应的物体便不能被选中及编辑，如图3-24所示。

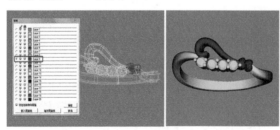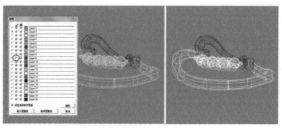

图 3-23 编辑物件层面　　　　　　　　　　　图 3-24 物件层面——不可编辑

图标 👁 对应的一列选框控制物体的可视与不可视状态。例如，当"层面"对话框中红色的"可视"选框未被选中时，界面中的红色物体便不可视，同时红色对应的"可编辑"选框自动调整为未选中状态，如图3-25所示。

注意：界面中的物体不可视不等同于被隐藏，物体不可视后不会出现在隐藏界面中；要显示不可视物体，只需选中"层面"对话框中的"可视"选框。

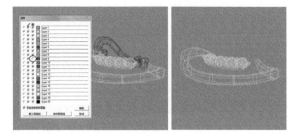

图3-25 物件层面——不可视

13. 材料

使用材料库中的材料可以改变物体材质，JewelCAD自带的材料库中包含金属材料和部分宝石材料。选中物体，执行"材料"命令，弹出"JewelCAD材料"对话框，如图3-26所示，选中材料后单击"确定"按钮即可。材料效果可以在彩色图和光影图中显示出来。

14. 造新/修改材料

执行"造新/修改材料"命令可以修改材料库中现有的材料，或添加新材料。执行该命令后，会弹出"Create/Edit Material"对话框，用户可对里面的信息进行编辑，从而得到新的材料，如图3-27所示。

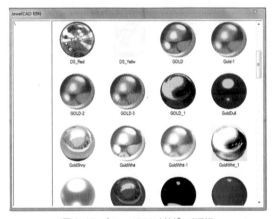

图3-26 "JewelCAD材料"对话框

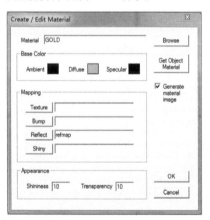

图3-27 "Create/Edit Material"对话框

（1）Material（材料）。

在"Material"文本框中输入新材料的英文名称并保存，也可以单击"Browse"按钮进行浏览后保存，材料的默认保存位置为Material文件夹，不可以随意改动。材料的存储位置根据"JewelCAD资料夹"对话框中设定的材料存储位置而定，如图3-28所示。

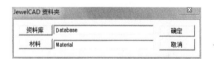

图3-28 材料存储位置

（2）Base Color（基础颜色）。

"Base Color"选项组用于设定材料的基础颜色。"Ambient"用于设置环境颜色，"Diffuse"用于设置物体本身的颜色，"Specular"用于设置高光颜色。单击色块，弹出"颜色"对话框，选择颜色，单击"确定"按钮即可。

（3）Mapping（贴图）。

"Mapping"选项组用于设置贴图的形式，包括"Texture"（纹路）、"Bump"（粗糙度）、"Reflect"（反射度）和"Shiny"（亮度）按钮。单击相应按钮，弹出"打开"对话框，选择材料图片，单击"确定"按钮即可。

注意：贴图必须为BMP格式。

（4）Appearance（表面）。

"Appearance"选项组用于设置物体的表面效果，包括"Shininess"（光亮度）、"Transparency"（透明度），直接输入数值即可进行设定。

（5）Get Object Material（选取物体材料）。

单击该按钮，可以选择界面中某一物体的材料为基础材料，在此基础上进行修改并将其保存为新材料。

（6）Generate material image（新材料图片）。

选中该选框后，可以使新建材料以图片的形式显示出来，如图3-29所示。如果不选中该选框，只能显示文件名称。

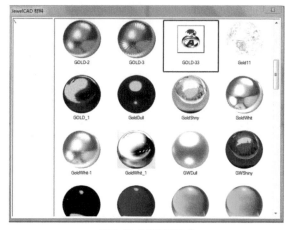

图3-29 材料显示方式

示例 **磨砂材质**

磨砂材质的效果如图3-30所示，操作如下。

图3-30 磨砂材质效果

STEP 01

在Photoshop中新建画布，设置"分辨率"为"300像素/英寸"，然后将该画布填充为黄色，如图3-31所示。

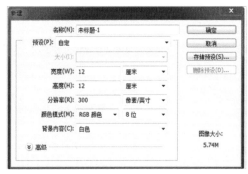
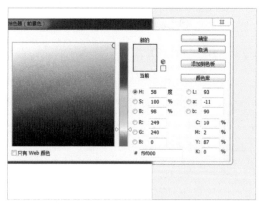

图3-31 新建画布

执行"滤镜"菜单中的"添加杂色"命令，设置"数量"为15%，如图3-32所示。

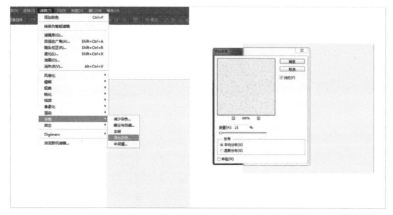

图3-32 添加杂色

STEP 02

存储图片。将磨砂效果图片存储为BMP格式，并保存在JewelCAD的材料文件夹中，如图3-33所示。

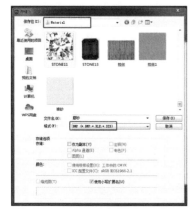

图3-33 存储图片

STEP 03

导入磨砂效果图片。在JewelCAD中执行"编辑"菜单中的"造新/修改材料"命令，在弹出的"Create/Edit Material"对话框中更改材料名称为"Gold-F"，避免覆盖其他材料。单击"Bump"按钮，在弹出的"打开"对话框中找到之前存储的磨砂效果图片并双击。单击"Create/Edit Material"对话框中的"OK"按钮，完成新材料的制作，如图3-34所示。

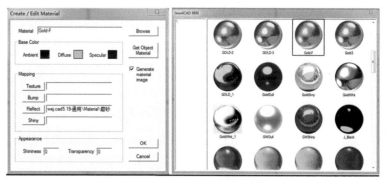

图3-34 导入磨砂效果图片

STEP 04

使用新材料。在"JewelCAD资料库"对话框中选择相应的金属首饰导入界面中，选中首饰，选择新建的材料"Gold-F"，在光影图中展示材料效果，如图3-35所示。

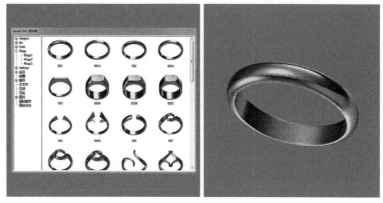

图3-35 使用新材料

◆ 检视菜单

"检视"菜单中的命令主要用于对视图界面进行相关操作，如设置背景、移动视图等，如图3-36所示。

1. 背景

执行"背景"命令，可在界面背景上附着图像，方便对照图纸进行描线、确定造型等。系统默认背景为"空白背景"。若要添加背景图像，应先使用其他软件将图片转换为BMP格式，再回到JewelCAD中，执行"背景"命令，弹出"背景图像"对话框，如图3-37所示。单击"浏览"按钮，找到相应的图像，根据所需图像大小选择对话框里的相关选项，完成背景图像的添加。不需要背景图像时，再次执行"背景"命令，选择"空白背景"即可。

图3-36 "检视"菜单　　　　图3-37 "背景图像"对话框

① "真实尺寸"选项使图像以真实大小固定在界面中。

② "调至图像之最大宽度"选项调整图像的宽度与界面宽度相同，并将其固定在界面中，但这样可能会使图像显示不全。

③ "调至图像之最大高度"选项调整图像的高度与界面高度相同，并将其固定在界面中，这样也可能会使图像显示不全。

④ "调至图像之最大宽度及高度"选项使图像按照界面的宽度、高度固定在界面中，这样可能会使图像变形。

⑤ "照比例自动调放"选项会根据图像比例调整图像大小并将其固定在界面中，这样也可能会使图像显示不全。

⑥ "锁定于视图上"选项根据下面的数值调整图像大小及位置。系统默认的图像中心为界面中心，也可以通过输入数值进行调整；图像比例默认为25，可以输入数值改变图像比例。该选项设定的图像会随着视图一起放大或缩小，这是需要根据图像描线时经常使用的选项。

2. 网格设定

"网格设定"是设定界面中网格距离或者不显示网格的命令。系统默认的网格距离为10mm，用户可以根据需求重新设定，没有特殊需求时建议使用默认距离。"网格设定"对话框如图3-38所示。

3. 细格

"细格"是精准捕捉网格的命令。执行该命令时，捕捉网格的精度较高，也就是执行操作时较为流畅。不执行"细格"命令时，捕捉精度较低，不能精准地选中对象。如果使用"移动"工具，但不执行"细格"命令，捕捉精度约为0.05mm，执行该命令时的捕捉精度约为0.02mm。

图3-38 "网格设定"对话框

4. 普通线图

"普通线图"是作图时常用的线图模式，CV 点也是在该模式中展示的，并且该模式能够把首饰造型的切面结构显示出来，如图 3-39 所示。

5. 简易线图

"简易线图"以简易的线条将首饰造型快速地显示出来，但不能精细地显示出首饰的整体造型，也不能展示首饰的 CV 点；主要用于打开一些首饰造型复杂且体积较大的文件，能够快速地显示首饰造型及转换视图，如图 3-40 所示。

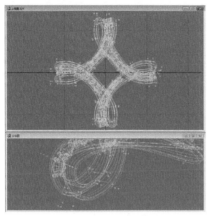

图 3-39 普通线图

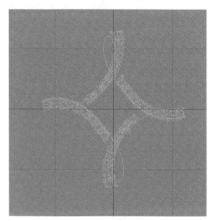

图 3-40 简易线图

6. 详细线图

"详细线图"以较为详细的线条显示首饰造型，尤其是轮廓部分，它能将普通线图中不能完全显示的地方准确地显示出来。详细线图中不显示 CV 点，如图 3-41 所示。

7. 快彩图

"快彩图"能将首饰以实体模式简单地渲染出来，显图速度快，首饰显示出的颜色是其表层颜色，如图 3-42 所示。

8. 彩色图

"彩色图"是作图过程中常用的彩色视图，能够初步显示首饰材质的颜色，不显示背景中的网格线、轴线，显图速度较快，如图 3-43 所示。

9. 光影图

"光影图"用于显示首饰带有光影的效果，能够更好地展示首饰的整体效果，如图 3-44 所示。

图 3-41 详细线图

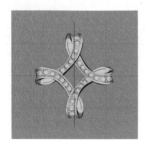

图 3-42 快彩图

图 3-43 彩色图

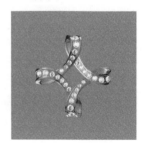

图 3-44 光影图

10. 视图

JewelCAD 是一款三维立体建模软件，用户需要通过多个视图观察物体，从而制作物体每个角度的造型。

① "正视图"能够从物体的前方展示物体，该视图能够显示物体的整体高度。

② "右视图"能够从物体的右侧展示物体。

③ "上视图"能够从物体的上方展示物体，该视图显示物体的正面造型。

④ "背视图"能够从物体的后方展示物体，与正视图相对。

⑤ "左视图"能够从物体的左侧展示物体，与右视图相对。

⑥ "下视图"能够从物体的下方展示物体，与上视图相对。

⑦ "立体图"能够从任意角度展示物体，按住 Table 键与鼠标左键移动鼠标指针可任意转动物体。

11. 多视图

① "正/右视图"显示物体的正视图和右视图。单击回按钮，这两个视图窗口会被同时打开，如图 3-45 所示。

② "正/上视图"显示物体的正视图和上视图。单击目按钮，这两个视图窗口会被同时打开，如图 3-46 所示。

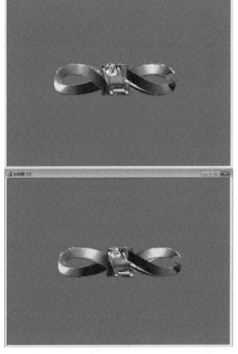

图 3-45 正/右视图

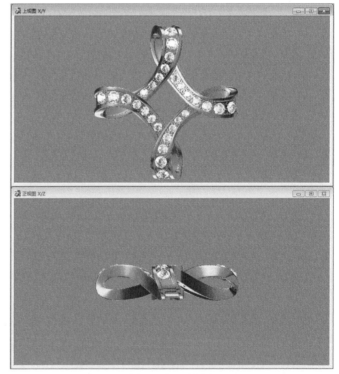

图 3-46 正/上视图

③"四视图：正右上立体"用于将正视图、右视图、上视图、立体图这 4 个视图窗口同时打开，如图 3-47 所示。

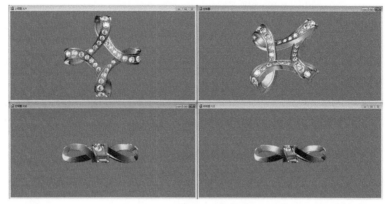

图 3-47 四视图：正右上立体

④"四视图：背左下立体"用于将背视图、左视图、下视图、立体图这 4 个视图窗口同时打开，如图 3-48 所示。

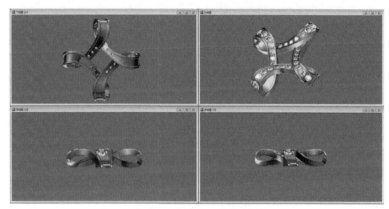

图 3-48 四视图：背左下立体

12. 开新视图

打开了多个视图时，执行"开新视图"命令，可使选中视图单独显示出来。图 3-49 所示的四视图中，上视图处于选中状态，这时执行"开新视图"命令，上视图会单独显示出来。

图 3-49 开新视图

13. 移动

"移动"是移动视图的命令。

执行"移上"命令能够将视图往上方移动，每执行一次"移上"命令，视图就会往上移动一点；"移下""移左""移右"命令同"移上"命令类似。另外，同时按住 Tab 键和 Ctrl 键，再按住鼠标左键移动鼠标指针，视图也会跟着移动，确定位置后，松开鼠标左键、Tab 键和 Ctrl 键，结束命令。

14. 放大 / 缩小

①"放大""缩小"是放大视图、缩小视图的命令，也可以滚动鼠标滚轮放大或缩小视图。

②"格放"是放大视图局部的命令。执行"格放"命令，按住鼠标左键拖动鼠标框选需要放大的部分即可对其进行放大操作。

③"全图"是显示界面中所有物体的命令。

④"缩放1:1"是将视图显示比例设定为1:1的命令，这时界面中的物体以实际大小显示出来。

⑤"比率设定"是设定"缩放1:1"命令比值的命令。先将视图显示比例设定为1:1，使用直尺测量界面中的网格距离，直到设定的网格距离与直尺实际测量的距离一致时，执行"比率设定"命令，在弹出的对话框中单击"检视图比率"按钮，这时比值发生改变，单击"确定"按钮，结束命令。

15. 反转

"反转"是反转界面的命令，包括上下左右4个方向，当前视图经过反转后成为立体视图。

16. 旋转

"旋转"是旋转视图的命令，包括左转和右转。

17. 复原视图

"复原视图"是使视图恢复到系统默认状态的命令。

18. 工具列

执行"工具列"命令，能够编辑界面中工具列的种类。执行"工具列"命令，其子菜单中有一系列工具名称，选中工具名称前的选框，该工具列便会显示在界面中。执行"复原工具列"命令，工具列会按照系统默认设置排列。

◆ 选取菜单

"选取"菜单中的命令主要用于选取物体及对特定物体进行全选，如"选取物件""全选"命令等，如图3-50所示。

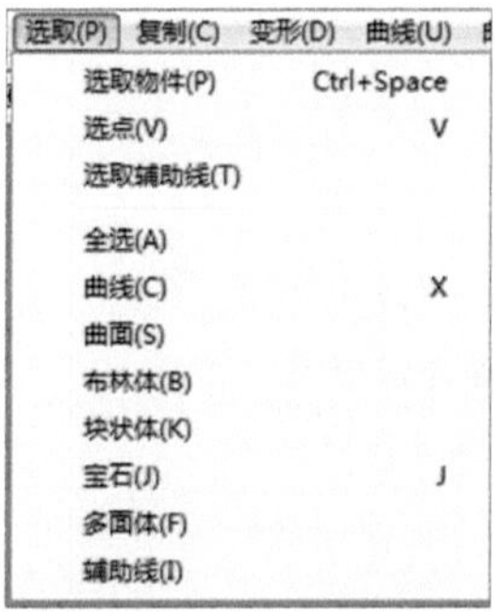

1. 选取物件

"选取物件"是选取物体的命令。

①如果只选取一个物体，单击物体即可。物体被选中时，其颜色会变为特定颜色（系统默认为白色，也可以通过"档案"菜单中的"系统设定"命令进行设置）。

②选取多个物体时，按住鼠标左键拖出矩形框，被框住及接触到矩形框的物体将会被选中。界面状态栏中会显示选中物体的数量。

③按住Ctrl键与鼠标左键可画出任意形状的选区，在选区范围内及接触到选区的物体将被选中。

④对界面中被选中的物体再次执行"选取物件"命令，物体将恢复到未被选中状态。单击鼠标右键，可将界面中所有的物体恢复到未被选中状态。

注意：两个相同的物体完全重合时，单击物体只可选中其中一个物体。

图3-50 "选取"菜单

2. 选点

"选点"是选取 CV 点的命令。将物体的 CV 点显示出来，执行"选点"命令，这时鼠标指针上附有蓝色的点，选点时可以将鼠标指针上的蓝色点对准 CV 点并单击，也可以按住鼠标左键拖动鼠标进行框选。选取 CV 点后，可以对该部分进行移动、旋转等操作，以修改物体的局部造型，如图 3-51 所示。

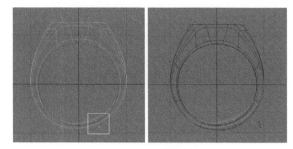

图 3-51 选点并移动点

修改完成后，再次执行"选点"命令，在界面中单击鼠标右键取消选点。另外，在执行"选点"命令时，也可以按住 Shift 键使用"选取物体"工具来选择 CV 点。

注意：完成 CV 点的调整后，一定要取消选点并隐藏 CV 点，以防在后续的操作中对 CV 点进行了误操作。

3. 选取辅助线

"选取辅助线"是选取辅助线的命令，绘制辅助线的详细方法见第 3 章的"杂项菜单"。

4. 全选

"全选"是选取界面中所有物体的命令（辅助线除外）。

5. 曲线

"曲线"是选取界面中所有曲线的命令。执行"曲线"命令，界面中的所有曲线将都处于选中状态。

6. 曲面

"曲面"是选取界面中所有曲面的命令，但不能选取布林体。

7. 布林体

"布林体"是选取界面中所有布林体的命令。

8. 块状体

"块状体"是选取界面中所有块状体的命令。块状体的制作方法详见第 3 章的"杂项菜单"。

9. 宝石

"宝石"是选取界面中所有材料为宝石的物体的命令。

10. 多面体

"多面体"是选取界面中所有多面体的命令。

11. 辅助线

"辅助线"是选取界面中所有辅助线的命令。

复制菜单

"复制"菜单中的命令不仅可以复制物体，还能够按照相应的方向、位置及数量复制物体，如图 3-52 所示。

◆ 剪贴

"剪贴"是剪切物体后复制物体，并使复制物体随着曲面造型进行粘贴的命令，该命令主要用于镶嵌宝石。

图 3-52 "复制"菜单

1. 基础用法举例说明

从"JewelCAD 资料库"对话框的"Ring"中选择一枚戒指，在"Setting"中选择一个圆形宝石镶口，如图 3-53 所示。

选中宝石镶口，执行"剪贴"命令或者单击 按钮，这时宝石镶口已被剪切，鼠标指针变为"剪贴"工具按钮，将视图转换到"快彩图"或者"彩色图"，在曲面上设定好的位置单击以进行复制粘贴。按空格键结束命令，这时复制物体都处于选中状态，单击鼠标右键，取消选中复制物体，如图 3-54 所示。

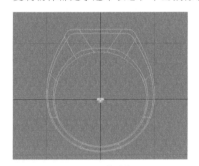
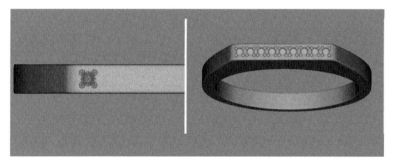

图 3-53 剪贴前   图 3-54 剪贴完成

2. 复制物体的位置

复制物体在界面中心的位置与其复制后在曲面上的位置相关联。在正视图中，把宝石腰线从横轴线的位置上移 0.2mm，复制粘贴宝石后，可以看到宝石的腰线与曲面之间的距离为 0.2mm，如图 3-55 所示。由此可以说明，使用"剪贴"工具时，在正视图或者侧视图中，横轴线相当于要进行复制粘贴的物体的曲面表面。

在上视图中，复制物体在界面中心的位置相当于复制粘贴过程中单击的位置，所以复制物体的剪贴操作要在上视图的界面中心进行。若偏离中心位置，例如，把宝石镶口移动到界面中心外，在进行复制粘贴操作时，复制物体会被粘贴在单击位置以外的位置，如图 3-56 所示。

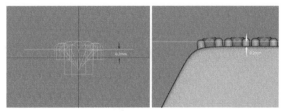
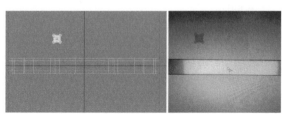

图 3-55 上移宝石腰线   图 3-56 复制物体偏离中心位置

3. 复制物体的变形

在复制粘贴的过程中，如果要改变物体大小，按住 Shift 键与鼠标左键在物体旁边拖动即可放大或者缩小物体；如果要移动物体，按住 Shift 键与鼠标左键将物体移动到合适的位置；如果要旋转物体，按住 Shift 键与鼠标右键在物体旁边拖动，可旋转物体，如图 3-57 所示。

图 3-57 复制物体的缩放、移动、旋转

◆ 多角度复制

"复制"菜单中的有些复制命令按照一定的角度或者位置复制物体，如左右复制、上下复制等，这些命令在执行时，都以界面中心及轴线作为复制依据。复制工具列中按钮的图标也很明确地表达了各个工具的功能，如图 3-58 所示。

图 3-58 复制工具列

1. 反转复制

"反转复制"是复制选中物体并将复制物体按一定方向作 90°反转的命令，反转方向包括上、下、左、右，原物体的位置不会发生变化。选中物体，执行"反转复制"命令，在其子菜单中选择反转方向后结束命令。

2. 隐藏复制

"隐藏复制"是复制选中物体后隐藏复制物体的命令，原物体不会发生变化。选中物体，执行"复制隐藏"命令后，会弹出对话框，提示有多少个物体被复制到隐藏界面中，单击"确定"后按钮结束命令。

3. 左右复制

"左右复制"是将选中物体以界面中的纵轴线为基准进行左右复制的命令。选中物体，执行"左右复制"命令，物体会以纵轴线为中线进行左右对称复制。

4. 上下复制

"上下复制"是将选中物体以界面中的横轴线为基准进行上下复制的命令。

5. 旋转 180

"旋转 180"是将选中物体在以界面中心为圆心旋转 180°后的位置进行复制的命令，相当于以界面中心为中心点将物体做斜对称复制。

6. 上下左右复制

"上下左右复制"是将选中物体以界面中的横轴线、纵轴线为基准，进行上下左右复制的命令，相当于执行了"左右复制""上下复制"两个命令。

7. 直线复制

"直线复制"是沿直线方向复制选中物体的命令。选中物体,执行"直线复制"命令,弹出"直线延伸"对话框,"延伸数目"为物体复制后的数量,下面3个输入框用于输入坐标值以确定复制物体的位置,也可以在界面中按住鼠标左键或右键拖动来确定复制物体的位置,单击"确定"按钮后,系统会按照设置的数量和方向复制物体,如图3-59所示。

拖动鼠标来确定复制方向时,按住鼠标左键可以左右拖动或者上下拖动以进行单方向复制,按住鼠标右键可以往任意方向拖动并进行复制。- $\boxed{0}$ 中的数值为横向复制物体的间隔距离; | $\boxed{0}$ 中的数值为纵向复制物体的间隔距离; + $\boxed{0}$ 中的数值为复制物体进出方向的间隔距离。

"直线延伸"对话框中的 ↵ 按钮为"角度复制"按钮,单击该按钮,按住鼠标左键拖动可进行任意角度的复制,如图3-60所示。

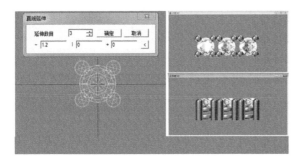

图3-59 直线复制

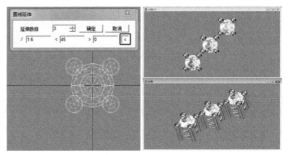

图3-60 任意角度复制

8. 环形复制

"环形复制"是围绕界面中心环形复制选中物体的命令。选中物体,单击 ⚙ 按钮,在弹出的"环形"对话框中输入数目或者角度,也可以单击 ▾ 按钮选择相应的数值,单击"确定"按钮完成复制,如图3-61所示。

当不确定复制角度时,可以使用鼠标进行角度测试。选中物体,按住鼠标左键从复制物体的开始部分拖动至结束部分,这时"环形"对话框中会产生新的数值,单击"确定"按钮完成复制,如图3-62所示。

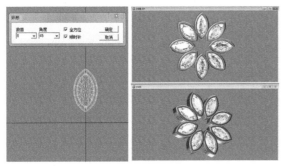

图3-61 环形复制

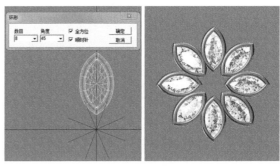

图3-62 测试复制角度

"环形"对话框中，系统默认的复制角度为全方位（360°）和顺时针，不选中"全方位"选框时，可以输入数目和角度进行复制；不选中"顺时针"选框时，复制方向为逆时针。将界面中的物体围绕中心逆时针旋转15°进行复制，复制数量为5个的具体操作：选中物体，选择"环形复制"工具，弹出对话框，先取消选中"全方位"和"顺时针"选框，然后将"角度"设为45，"数目"设为3，单击"确定"按钮完成复制，如图3-63所示。

注意：重新使用"环形复制"工具时，系统都会默认选中"全方位"选框。

图 3-63 环形复制

◆ 多重变形

"多重变形"是在复制物体的过程中，使复制物体产生一系列变形的命令。选择"多重变形"工具，弹出"多重变形"对话框，如图3-64所示。根据变形要求设置相关选项，单击"确定"按钮完成多重变形复制。

"多重变形"对话框中主要包含4个变形选项，每个选项对应3个变形方向。每个选项包含的具体内容如下。

图 3-64 "多重变形"对话框

① "移动"选项可将复制物体按照3个方向对应的数值进行移动，输入正数则往正方向移动，输入负数则往负方向移动，输入数值0则物体在该方向不移动。

② "尺寸"与"比例"选项都可以将复制物体按倍数缩放，这两个选项不能同时使用。放大复制物体时输入的数值要大于1，缩小时输入的数值要小于1。"尺寸"选项只能将物体进行整体的放大或缩小；而"比例"选项可以选择方向并输入数值，从而对物体进行单方向缩放。

③ "旋转"选项可以按照输入的角度数值旋转复制物体。

④ "世界坐标"表示复制变形的依据为界面中的坐标线，"物件坐标"选项表示复制变形的依据为物体成体时的坐标位置，详见第3章的"变形菜单"。

⑤ "复制数目"为复制完成后物体的数量，包括原物体。复制数目每增加1，变形幅度会根据前一个复制物体的大小再次调整，如图3-65所示。

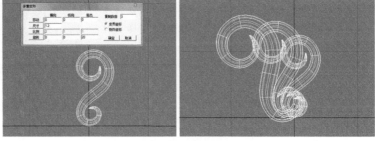

图 3-65 多重变形复制

◆ 复制工具的运用

图 3-66 所示的模型在制作过程中会用到"剪贴"工具和"环形复制"工具，这两款工具的使用方法比较容易掌握，具体方法如下。

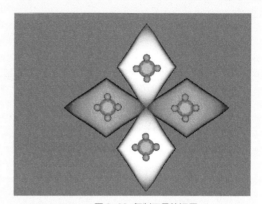

图 3-66 复制工具的运用

STEP 01

从"JewelCAD资料库"对话框的"Parts3"中找到图3-67所示的物体，选中该物体，单击工具列中的 ◻ 按钮，按住鼠标左键将物体底部往上移动至界面中心位置，如图3-67所示。按空格键后单击鼠标右键，取消选中物体。

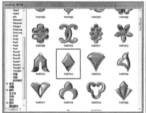 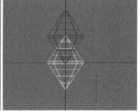

图 3-67 移动物体

STEP 02

从"JewelCAD资料库"对话框的"Settings"的"Round1"中选择圆形爪镶，使用"剪贴"工具对圆形爪镶进行复制粘贴，在复制粘贴过程中对圆形爪镶进行放大、旋转操作，如图3-68所示。

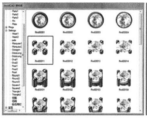 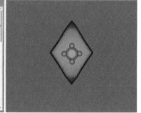

图 3-68 剪贴

STEP 03

选中界面中的所有物体，选择"环形复制"工具，在"环形"对话框中将"数目"设为4，其余选项保持默认，单击"确定"按钮完成复制，如图3-69所示。

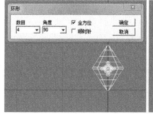 

图 3-69 环形复制

STEP 04

选中上下两个物体，选择"材料"工具，选择白色金属材料，然后单击鼠标右键取消选中物体，制作完成，如图3-70所示。

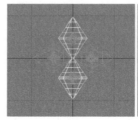 

图 3-70 添加材质

曲线菜单

在 JewelCAD 中，曲线是成体的必备条件。"曲线"菜单中包含多种曲线绘制方式及其他曲线操作，部分常用曲线工具显示在曲线工具列中，如图 3-71 和图 3-72 所示。

图 3-71 "曲线"菜单

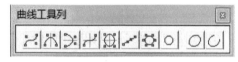

图 3-72 曲线工具列

◆ 曲线的种类及操作

1. 任意曲线

"任意曲线"是绘制任意形状曲线的命令。执行"任意曲线"命令或单击 按钮，在界面中的任意位置每单击一次就会出现一个序号点（该点也称为 CV 点），起始点的序号为 0，系统根据单击的位置绘制出曲线，序号也一直连续。这时曲线处于蓝色可编辑状态，按住鼠标左键可以对点进行移动从而调整曲线形状，如图 3-73 所示。确定曲线形状后，选择"选取"工具或按空格键结束命令，如图 3-74 所示。

在绘制曲线的过程中，如果要取消某一个点，对该点单击鼠标右键即可。

绘制有转角的曲线时，双击序号点，该点会包含两个序号并成为转角。对同一个点每双击一次该点就会多一个序号，当一个 CV 点包含 3 个及以上序号时，会出现比较尖锐的角，如图 3-75 所示。

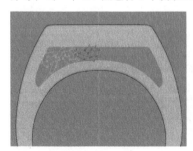

图 3-73 可编辑曲线

图 3-74 完成曲线的绘制

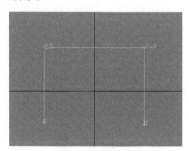

图 3-75 曲线转角

2. 左右对称线

　　"左右对称线"是绘制左右对称线的命令，常用于绘制对称图形。执行"左右对称线"命令或者单击 ⿳按钮，鼠标指针将变为"左右对称线"按钮图标，在纵轴线的一侧单击，另外一侧也会出现一个点，单击点的位置根据纵轴线对称，继续画出形状，在有转角的位置双击，如图 3-76 所示，按空格键结束命令。

3. 上下对称线

　　"上下对称线"是绘制上下对称线的命令。执行"上下对称线"命令或者单击 ⿳按钮，在横轴线的一侧单击，另外一侧也会出现一个点，单击点的位置根据横轴线对称，继续画出形状，如图 3-77 所示，按空格键结束命令。

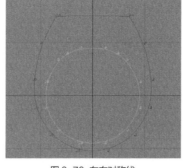

图 3-76 左右对称线

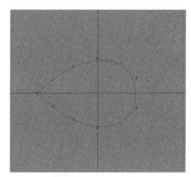

图 3-77 上下对称线

　　注意：在绘制对称线时，若两个点太接近轴线会重合为一个有转角的点，如图 3-78 所示；另外也会出现相互交叉的情况，这时需要根据序号将点的位置调整正确，如图 3-79 所示。

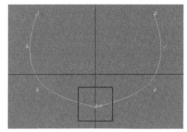

图 3-78 重合的点

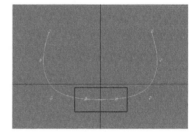

图 3-79 相互交叉的点

4. 旋转 180

　　"旋转 180"是绘制斜对称线的命令。执行"旋转 180"命令或者单击 ⿳按钮，在界面中心附近单击，另外一个点出现在该点围绕中心旋转 180° 后的位置，如图 3-80 所示。

5. 上下左右对称线

　　"上下左右对称线"是绘制上下左右对称线的命令。执行"上下左右对称线"命令或单击 ⿳按钮，在界面中单击后会出现 4 个点，这 4 个点的位置围绕界面中心形成上下左右对称关系，每单击一次就会以此位置关系增加 4 个点，如图 3-81 所示。

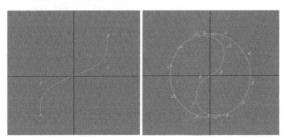

图 3-80 旋转 180°

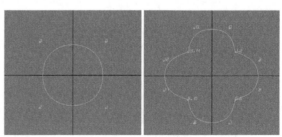

图 3-81 上下左右对称线

6. 直线重复线

"直线重复线"是绘制直线的命令，并且直线中的 CV 点等距分布。执行"直线重复线"命令或单击 ✎ 按钮，弹出"直线延伸"对话框，如图 3-82 所示。在该对话框中输入延伸数目，该数目为 CV 点的数量，确定延伸方向及延伸距离有以下两种方法。

图 3-82　"直线延伸"对话框

①使用鼠标选取或者输入延伸距离及延伸方向。使用鼠标左键可以左右或者上下延伸直线，以及确定延伸的距离，使用鼠标右键可以使直线往任意方向延伸；也可以直接输入数值来控制直线的延伸方向及延伸距离。

②使用角度确定延伸方向与延伸距离。单击"直线延伸"对话框中的 ↲ 按钮，这时可使用角度来确定直线的延伸方向及延伸距离。

确定后，在界面中的相应位置单击，设置好的延伸曲线以可编辑的状态出现在界面中，可以继续编辑曲线。每单击一次，软件会重复添加一组设置好的曲线；同样每取消一次，也会相应地删除一组曲线，如图 3-83 所示。

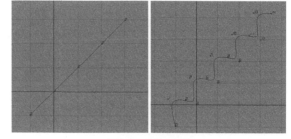

图 3-83　直线重复线

7. 环形重复线

"环形重复线"是绘制环形曲线的命令，如多边形。执行"环形重复线"命令或单击 ⊞ 按钮，弹出"环形"对话框，在该对话框中输入相应的数值，然后按住鼠标左键在界面中拖动以改变环形大小及 CV 点的位置，松开鼠标左键后可继续编辑环形曲线；每单击一次，重复增加设置数目个 CV 点，按空格键结束命令，如图 3-84 所示。

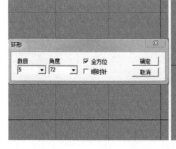
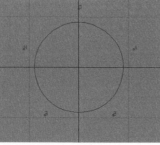
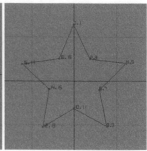

图 3-84　环形重复线

不选中"全方位"选框时，可以绘制不封闭的环形曲线，如图 3-85 所示。

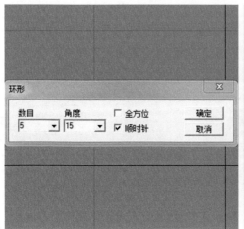
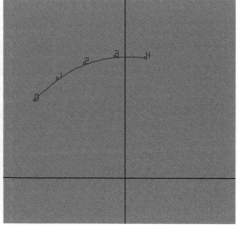

图 3-85　不选中"全方位"选框时绘制的环形重复线

8. 多重变形

"多重变形"是绘制变形曲线的命令。执行"多重变形"命令，弹出"多重变形"对话框，如图3-86所示。

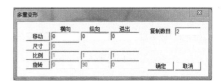

图 3-86 "多重变形"对话框

① "复制数目"指绘制曲线中包含的CV点数量。

② "移动"包含3个方向，根据要求设置相应方向的数值。

③ "尺寸"与"比例"可以对"移动"中的数值进行控制。

④ "旋转"控制曲线的旋转方向。

9. 徒手画

执行"徒手画"命令后，可以使用鼠标在界面中直接绘制曲线。执行"徒手画"命令，按住鼠标左键在界面中绘制曲线，松开鼠标左键完成绘制，按空格键结束命令。徒手画的曲线会根据曲线弯度自动生成CV点，如图3-87所示。

10. 直线

"直线"是按照指定角度绘制直线的命令。执行该命令，弹出"直线曲线"对话框，在"与水平线夹角"列表框中选择角度或者输入角度，即可绘制相应斜度的直线，单击"确定"按钮后系统自动完成直线的绘制，如图3-88所示。

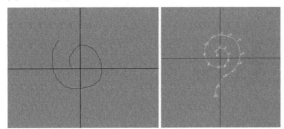

图 3-87 徒手画

图 3-88 直线曲线

11. 圆形

"圆形"是绘制圆形曲线的命令。执行"圆形"命令或单击 o] 按钮，弹出"圆形曲线"对话框，其中包含3个选项，"直径""控制点数""控制点'0'"，如图3-89所示。

注意：使用"圆形"命令绘制直径较大的圆形时，建议使用较多控制点（10~12个）。例如，绘制直径为30mm的圆形，控制点数为6和控制点数为12时会产生一些差异，如图3-90所示。

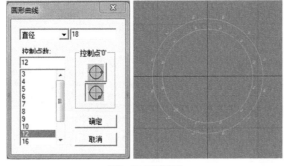

图 3-89 圆形曲线

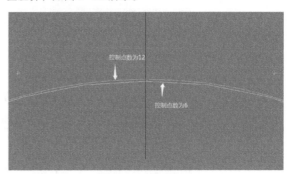

图 3-90 控制点数

12. 多边形

"多边形"是绘制多边形曲线的命令。执行该命令，弹出"多边形曲线"对话框，该对话框中包含"边的数目""控制点'0'"选项，根据要求输入数值、选择选项后，单击"确定"按钮完成绘制，如图3-91所示。

绘制四边形、八边形等多边形时，控制点'0'的位置会影响多边形的形态，如图3-92所示。

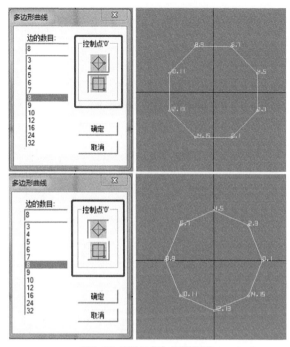

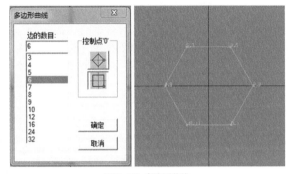

图3-91 多边形曲线

图3-92 控制点"0"位置的变化

13. 螺旋

"螺旋线"是绘制螺旋线的命令。执行该命令，弹出"螺旋曲线"对话框，如图3-93所示，该对话框中包含以下内容。

① "半径1"表示螺旋线的起点离中心点的距离。

② "半径2"表示螺旋线的结束点离中心点的距离。

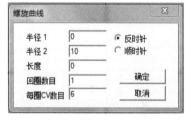

③ "长度"表示螺旋线的整体高度，如果在上视图中绘制螺旋线，"长度"显示在正视图与侧视图中。

图3-93 "螺旋曲线"对话框

④ "回圈数目"表示螺旋线的圈数。

⑤ "每圈CV数目"表示一圈螺旋线中包含的CV点数量。

⑥ "反时针"与"顺时针"表示螺旋线旋转的方向。

下面举例说明"螺旋线"命令的使用方法，要注意螺旋半径的变化，如图3-94、图3-95所示。

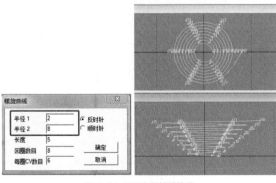

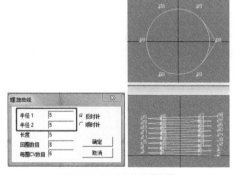

图3-94 不同半径的螺旋线

图3-95 相同半径的螺旋线

◆ 曲线的修改

1. 修改

"修改"是修改曲线的命令，其中包含8个曲线的修改命令：任意曲线、左右对称线、上下对称线、旋转180、上下左右对称线、直线重复线、环形重复线、多重变形。

在修改已绘制完成的曲线时，需要使用专门的修改工具。选择绘制曲线时使用的工具，并单击曲线使曲线处于可编辑状态，即可根据要求对曲线进行修改。

修改曲线的快捷方式：按住Shift键，使用曲线工具单击需要修改的曲线，即可进行修改。

注意：使用曲线工具修改曲线时，一定要选择与绘制曲线时相同的曲线工具，否则曲线会发生一定的变形。图3-96所示就是在修改左右对称线时，使用了"上下对称线"工具产生的结果。如果使用"任意曲线"工具修改曲线，虽然曲线不会发生变形，但会从对称线变成任意曲线。

2. 封口曲线

"封口曲线"是将开口曲线封闭的命令。在绘制曲线的过程中，执行"封口曲线"命令，该曲线会默认把起始点与结束点封闭。选中绘制完成的曲线，执行"封口曲线"命令或单击◯按钮，将曲线封闭。

3. 开口曲线

"开口曲线"是将封闭曲线开口的命令。封闭曲线处于可编辑状态或者选中状态时，执行"开口曲线"命令或单击◯按钮，曲线会从起始点与结束点之间分开，成为开口曲线。

4. 倒序编号

"倒序编号"是将曲线序号倒置的命令，即让原来的起始点变成结束点，结束点变成起始点。曲线上序号的排列对执行某些命令有一定的影响，执行"倒序编号"命令可以改变曲线上序号的排列方向。

5. 增加控制点

"增加控制点"是为曲线增加序号点的命令，且会根据曲线结束点的序号进行成倍增加。选中曲线，执行"增加控制点"命令，弹出"增加曲线控制点"对话框，在"增加倍数"列表框中选择或者输入倍数，单击"确定"按钮结束命令，如图3-97所示。

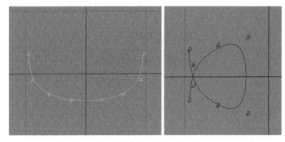

图3-96 修改曲线

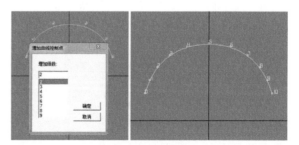

图3-97 增加控制点

6. 连接曲线

"连接曲线"是将两条曲线连接成一条曲线的命令。执行"连接曲线"命令，按顺序单击两条曲线，系统默认将首次单击的曲线的结束点与第二次单击的曲线的起始点相连，连接后，第二次单击的曲线上的序号与首次单击的曲线上的序号连续。例如在图 3-98 中，执行"连接曲线"命令，先单击上方曲线再单击下方曲线，这时上方曲线上的 7 号点与下方曲线上的 0 号点相连接，连接后，下方曲线上的 0 号点根据上方曲线上的序号变为 8 号点。

在需要改变连接位置时，可以对曲线执行"倒序编号"命令或者改变单击的次序。例如在图 3-99 中，选中下方曲线，执行"倒序编号"命令，再次进行连接，即可改变连接位置。

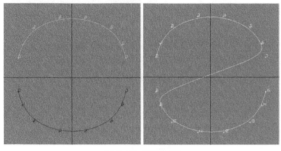

图 3-98 连接曲线

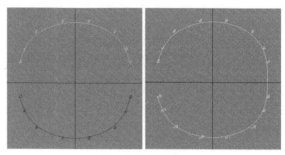

图 3-99 改变连接位置

7. 切开曲线

"切开曲线"是将曲线切开的命令。执行"切开曲线"命令，单击曲线上需要切开部分对应的序号点，完成曲线的切开，如图 3-100 所示。

注意：切开封闭曲线时，不能对起始点与结束点执行"切开曲线"命令，将其他点切开后，起始点与结束点自动分开，原曲线成为两条曲线。

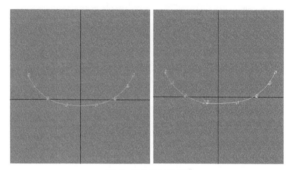

图 3-100 切开曲线

8. 偏移曲线

"偏移曲线"是将选中曲线偏移一定距离后产生新曲线的命令，是常用的命令。选中曲线，执行"偏移曲线"命令，弹出"偏移"对话框，该对话框中包含的内容如下。

① "偏移半径"指选中曲线与新曲线之间的距离。

② "两方偏移"指往选中曲线的两侧各偏移输入的数值。

③ "向外偏移"与"向内偏移"指单方向偏移曲线。向外和向内是由曲线 CV 点的序号决定的。当曲线上的 0 号点位于界面左侧或者序号排列方向为逆时针方向时，选中"向外偏移"选项后产生的新曲线位于原曲线的下方或者外侧，如图 3-101 所示。"向内偏移"则相反，如图 3-102 所示。

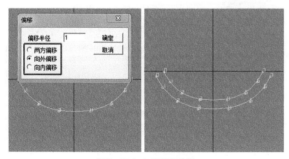

图 3-101 向外偏移曲线

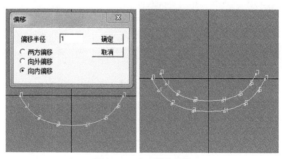

图 3-102 向内偏移曲线

当曲线上的 0 号点位于界面右侧或者序号排列方向为顺时针方向时，选中"向外偏移"选项后产生的新曲线位于原曲线的上方或者内侧，如图 3-103 所示。"向内偏移"则相反，如图 3-104 所示。

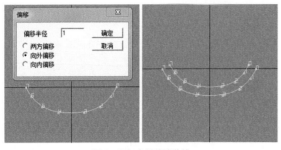

图 3-103 向外偏移曲线

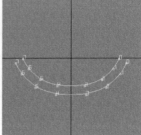

图 3-104 向内偏移曲线

注意：执行"偏移曲线"命令时，如果不确定偏移方向，可以选中"两方偏移"选项，偏移完成后删除不需要的曲线。

9. 中间曲线

"中间曲线"是在两条曲线正中间处自动产生新曲线的命令，这两条曲线的 CV 点数量、序号排列方向必须一致。执行"中间曲线"命令，单击界面中的两条曲线后，结束命令，新的曲线产生在这两条曲线中间，并与这两条曲线之间的距离相等，如图 3-105 所示。

10. 曲线长度

"曲线长度"是测量曲线长度的命令。执行"曲线长度"命令，单击界面中的曲线即可测量曲线长度，被单击的曲线会暂时变为红色，测量结果显示在界面左下角的状态栏中。执行"曲线长度"命令后，可测量多条曲线的长度，按空格键结束命令，如图 3-106 所示。

11. Restore removed curves

"Restore removed curves"命令在进行曲面成体操作时较为常用，能在物体成体后将其成体用的曲线显示出来，详见第 3 章的"曲面菜单"。

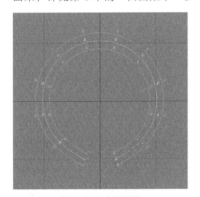

图 3-105 中间曲线

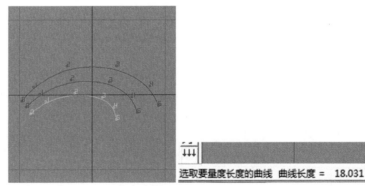

图 3-106 曲线长度

◆ 曲线工具的简单运用

按图3-107所示的造型绘制曲线。

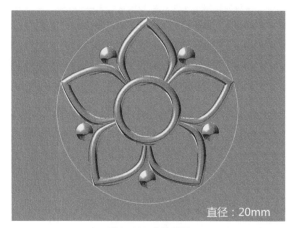

直径：20mm

图 3-107 曲线示例

STEP 01

将图3-107所示的图片导入背景中，并按照尺寸要求设定其大小，注意图片中心与界面中心要一致，如图3-108所示。

STEP 02

分析图纸：根据第1章中介绍的JewelCAD的实体成型特点可知，本示例图片中的实体为线形体，按照线形体成体特点绘制曲线；图片中的5片花瓣为环形对称样式，中间为圆形花芯。

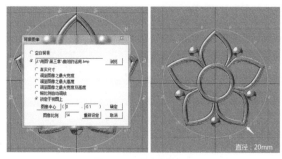

直径：20mm

图 3-108 设定背景大小

STEP 03

根据尺寸绘制中间的圆形花芯部分。在普通线图模式下，单击○按钮，在弹出的对话框中设置"直径"为7.5，选择"控制点数"为12，"控制点'0'"保持默认，单击"确定"按钮完成绘制，如图3-109所示。

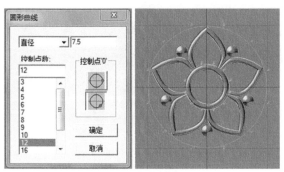

图 3-109 绘制圆形

STEP 04

选中圆形曲线，执行"偏移曲线"命令，将"偏移半径"设为1mm，选中"向内偏移"选项，单击"确定"按钮后单击鼠标右键，取消选中圆形曲线，完成圆形花芯的绘制，如图3-110所示。

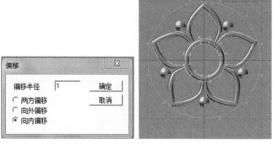

图 3-110 偏移曲线

STEP 05

执行"左右对称线"命令，绘制花瓣。单击 🔲 按钮，沿花瓣
外侧绘制曲线，注意曲线中间转角部分的处理，如图3-111
所示。

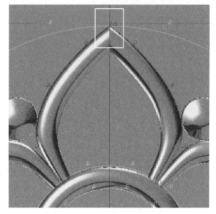

图 3-111 绘制左右对称线

STEP 06

选中曲线，执行"偏移曲线"命令，根据要求将"偏移半
径"设为1mm，选择合适的偏移方向进行偏移。单击 🔲 按
钮后，按住Shift键，按照背景图片修改曲线，完成花瓣的绘
制，如图3-112所示。

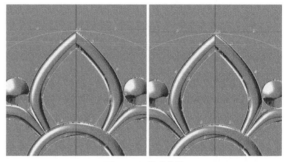

图 3-112 修改曲线

STEP 07

复制花瓣。选中花瓣曲线，单击 🔲 按钮，在"环形"对话框
中将"数目"设为5，其他保持默认，单击"确定"按钮完
成复制，去掉背景图片，如图3-113所示。

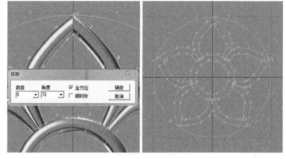

图 3-113 环形复制花瓣

STEP 08

完善零部件。执行"圆形"命令，绘制直径为2mm的圆
形，将圆形向下移动至两个花瓣的中间位置。执行"环形复
制"命令，将圆形复制到相应位置，完成曲线的绘制，如图
3-114所示。

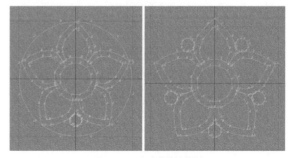

图 3-114 完成曲线的绘制

曲面菜单

　　JewelCAD 中的命令和工具大多都是为曲面成体服务的，珠宝首饰在 JewelCAD 中的最终形态也以曲面为主。所以，曲面工具是 JewelCAD 中所有工具的核心。在曲面工具的学习中不免会用到基本变形工具作为辅助，请参照第 3 章的"变形菜单"。另外，曲面是立体的，操作时注意视图之间的转换。

　　"曲面"菜单中的命令主要用于生成曲面、辅助修改曲面，如图 3-115 所示。

图 3-115 "曲面"菜单

◆ 曲面工具列

　　常用的曲面工具以工具列的形式显示在界面中，如图 3-116 所示。

图 3-116 曲面工具列

1. 直线延伸曲面

　　"直线延伸曲面"是将选中的切面曲线按照直线路径成体的命令，常用于绘制造型较简单的曲面，如图 3-117 所示。

　　根据要求绘制曲线并选中，执行"直线延伸曲面"命令或单击 按钮，弹出"直线延伸"对话框，如图 3-118 所示。在该对话框中输入延伸数目，该数目为选中曲线在曲面中的排列数量，确定延伸方向及延伸距离后，单击"确定"按钮完成操作。

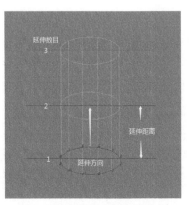

图 3-117 直线延伸曲面的成体特点

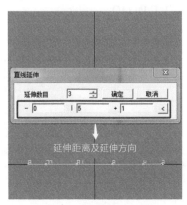

图 3-118 "直线延伸"对话框

直线延伸曲面的效果如图 3-119 所示，操作如下。

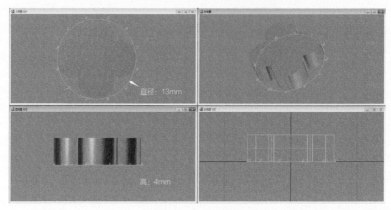

图 3-119　直线延伸曲面示例

STEP 01

分析物体造型，选择合适的工具。执行"环形重复线"命令，在上视图中按照物体的造型、尺寸绘制曲线，如图3-120所示。

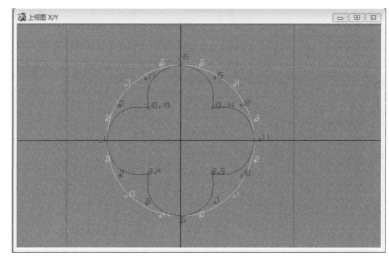

图 3-120　绘制曲线

STEP 02

转换到正视图或者侧视图，单击 按钮，在弹出的对话框中将"延伸数目"设为3，按住鼠标左键在界面中拖动确定延伸距离或者直接将延伸距离设为2mm，单击"确定"按钮完成操作，如图3-121、图3-122所示。

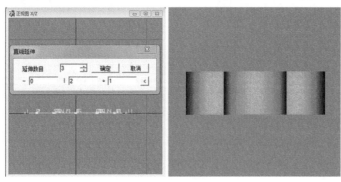

图 3-121　延伸曲面

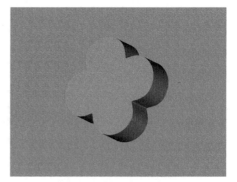

图 3-122　直线延伸曲面完成

注意：选择延伸方向及延伸距离时，应选择合适的操作视图及方向。

2. Restore removed curves

Restore removed curves工具位于曲线工具列中，主要用于将已生成曲面的曲线或者导轨线显示到界面中，制图者使用该工具可以方便地在导轨线处修改曲面造型。注意：使用该工具显示导轨线时，不能选择性地导出曲线，只能将所有曲面的导轨线全部导出到界面中，包括插入文件。

3. 纵向环形对称曲面

"纵向环形对称曲面"是将切面围绕纵轴线旋转成体的命令，常用于制作环形物体，如图3-123所示。

在界面中绘制曲线形状并选中，单击██按钮，弹出"环形"对话框，如图3-124所示。在该对话框中输入角度或者数目值，也可以单击██按钮选择相应的数值，单击"确定"按钮完成环形曲面的绘制。

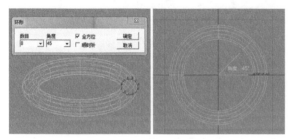

图3-123 纵向环形对称曲面的成体特点

图3-124 "环形"对话框

4. 横向环形对称曲面

"横向环形对称曲面"命令与"纵向环形对称曲面"命令类似，它们的不同处在于成体方向，"横向环形对称曲面"是将切面围绕横轴线旋转成体的命令，如图3-125所示。

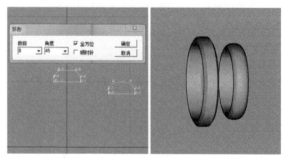

图3-125 横向环形对称曲面的成体特点

示例 **环形对称工具的运用**

分析物体造型

图3-126所示为一枚珍珠戒指，珍珠直径为8mm，戒圈内径为17mm，戒臂宽度为3.3mm。在详细线图模式下能够清楚地看出珍珠包碗、戒指的切面形状，如图3-127所示。

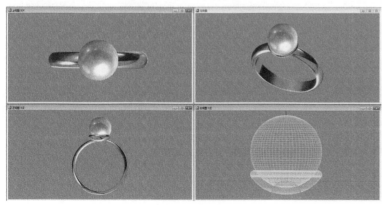

图3-126 珍珠戒指

图3-127 切面曲线

STEP 01

在正视图中执行"圆形"命令，画出珍珠形状（直径为8mm）。然后执行"纵向环形对称曲面"命令，将其成体，并更改珍珠材质为"PEAR4"，如图3-128所示。

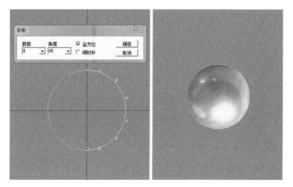

图 3-128 制作珍珠

STEP 02

在正视图中打开详细线图模式，选中直径为8mm的圆形曲线，执行"偏移曲线"命令，将其往外侧偏移0.8mm，这两条曲线为制作珍珠包碗厚度的辅助线。在纵轴线的一侧，执行"任意曲线"命令，按照珍珠包碗的高度绘制珍珠包碗切面，如图3-129所示。

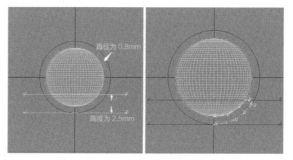

图 3-129 绘制珍珠包碗切面

STEP 03

选中切面，单击圖按钮，在弹出的对话框中将"数目"设为8，其余保持默认，单击"确定"按钮完成珍珠包碗的制作，如图3-130所示。注意：珍珠镶嵌方式为插针，在后续的章节中会介绍具体的操作方法。

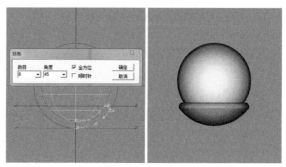

图 3-130 完成珍珠包碗的制作

STEP 01

在右视图中，按照戒圈内径、戒臂宽度等尺寸及切面造型，执行"左右对称线"命令，画出戒身的切面，如图3-131所示。

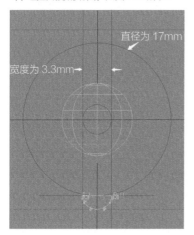

图 3-131 绘制戒身的切面

STEP 02

选中切面，单击圖按钮，在弹出的对话框中将"数目"设为8，其余保持默认，单击"确定"按钮完成戒身的制作，如图3-132所示。

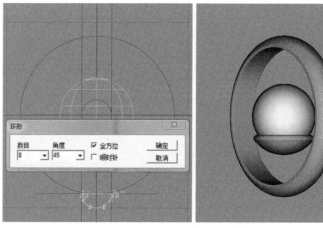

图 3-132 完成戒身的制作

整理造型

选中珍珠及珍珠包碗，执行"变形"菜单中的"移动"命令，单击鼠标右键将其向上移动至戒身的相应位置，完成珍珠戒指的制作，如图3-133所示。

注意：对于"纵向环形对称曲面"与"横向环形对称曲面"命令，在绘制切面时，在切面与轴线重合的一侧不需要封闭曲线；切面与轴线有距离时，开口切面成体后是实心体，封口切面成体后是环状体，如图3-134所示。

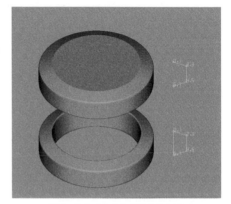

图3-133 完成珍珠戒指的制作　　　　　　　　　　　图3-134 实心体与环状体的切面

5. 线面连接曲面

"线面连接曲面"是将多条曲线或者多个曲面连接成体的命令，即包括曲线连接成体、曲面连接成体两个功能。该命令常用于制作造型不规则的曲面，如异形宝石碗、反带造型等，如图3-135所示。

使用曲线连接成体功能时，先要仔细分析物体造型，正确地绘制切面并根据物体造型安排切面位置，注意每个切面的CV点序号、数量要一致。完成切面的绘制后，执行"线面连接曲面"命令，按照曲线顺序单击或者多次单击曲线，生成曲面，如图3-136所示。

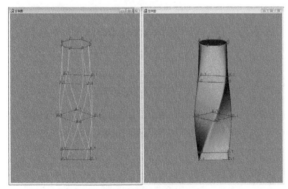
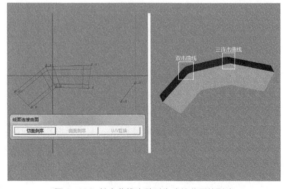

图3-135 线面连接曲面的成体特点　　　　　　　图3-136 单击曲线次数对生成的曲面的影响

注意：单击曲线的次数会影响成体后曲面的转角大小，在作图时双击曲线即可，单击3次以上形成的转角过于尖锐。

连接曲面时，每个连接曲面的CV点数量、序号也需要一致。如果曲线或者曲面的CV点序号不一致，可以单击"线面连接曲面"对话框中的"切面倒序"或者"曲面倒序"按钮，如图3-137所示。但当CV点数量不一致时，需修改一致后才能继续操作。

图3-137 "线面连接曲面"对话框

橄榄形宝石碗的效果如图3-138所示，操作如下。

图3-138 橄榄形宝石碗

分析物体造型

图3-138所示为橄榄形宝石碗，宝石尺寸为5mm×9mm，整体高度为8mm。宝石碗的具体做法会在第4章中讲解，这里只需掌握"线面连接曲面"命令的用法。

调出宝石

在"JewelCAD资料库"对话框的"dm"文件夹中调出橄榄形宝石，使用"圆形"工具调整宝石尺寸。在正视图中，将宝石腰部抬离横轴线0.5mm，如图3-139所示。

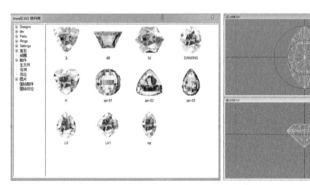

图3-139 调出宝石并调整

绘制连接成体曲线

STEP 01

在正视图中，按照宝石碗的造型绘制宝石碗辅助线及宝石碗切面，如图3-140所示。

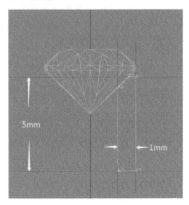

图3-140 宝石碗切面

STEP 02

在上视图中，执行"上下左右对称线"命令，沿宝石轮廓描线。选中该轮廓线，将其向内侧偏移0.5mm，调整偏移曲线使其与宝石碗切面曲线上的2、3号点重合，如图3-141所示。

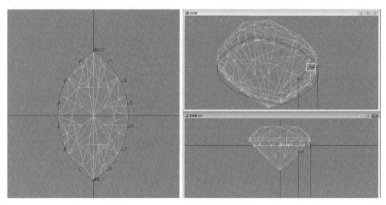

图3-141 绘制连接成体曲线

STEP 03

根据宝石碗切面中的转折点更改宝石的轮廓线，使其与转折点重合，如图3-142所示。

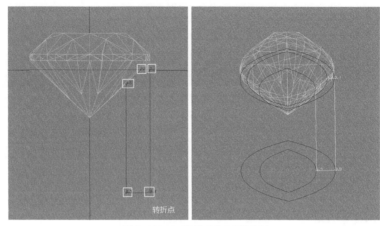

图3-142 完成连接成体曲线的绘制

连接曲线

按照顺序依次单击曲线，由于每条曲线都有转折点，所以需要双击曲线。双击曲线后，执行"曲面"菜单中的"封口曲面"命令，完成宝石碗的制作，如图3-143所示。

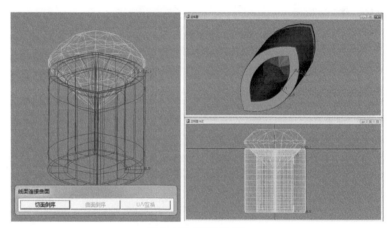

图3-143 曲线连接成体

制作镶爪

制作直径为1mm的圆形镶爪，其高度为从宝石台面至宝石碗底部的距离。先在正视图中画出切面，执行"纵向环形对称曲面"命令将其成体；然后在上视图中将镶爪移动至宝石尖部，使宝石被扣住的部分不超过镶爪直径的1/2，将镶爪上下对称后完成橄榄形宝石碗的制作，如图3-144所示。

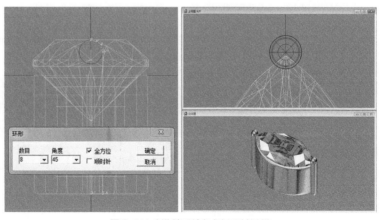

图3-144 制作镶爪并完成宝石碗的制作

示例 **反带造型**

反带造型的效果如图3-145所示，
操作如下。

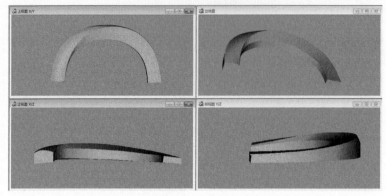

图 3-145 反带

STEP 01

分析物体造型。图3-145所示为反带造
型，它的每一个转角、弧面都需要一条
曲线，每条曲线都是物体整体造型的基
础。根据对物体的分析画出曲线，如图
3-146、图3-147所示。

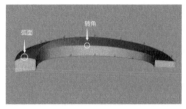

图 3-146 分析物体造型

图 3-147 绘制曲线

STEP 02

单击▤按钮，弹出对话框后按照顺序单
击曲线，注意有转角的曲线需要双击，
然后执行"曲面"菜单中的"封口曲
面"命令，完成反带造型的制作，如图
3-148、图3-149所示。

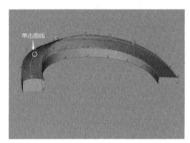

图 3-148 单击曲线

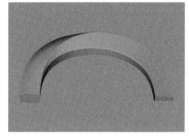

图 3-149 完成反带造型的制作

注意：执行"线面连接曲面"命令后，一定要执行"封口曲面"命令，这样才能使曲面闭合，如图 3-150 所示。

6. 管状曲面

"管状曲面"是绘制管状曲面的命令，常用于制作较简易的单切面或者双切面，如图 3-151 所示。

图 3-150 封口曲面

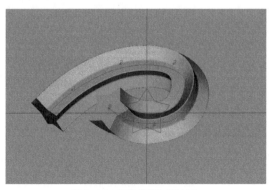

图 3-151 管状曲面的成体特点

根据物体造型绘制曲线及切面，选中曲线，执行"管状曲面"命令，弹出"管状曲面"对话框，如图3-152所示。

图3-152 "管状曲面"对话框

①单切面与双切面。

物体只包含一种切面时，单击"单切面"按钮；物体包含两种切面时，单击"双切面"按钮。单击"双切面"按钮后，根据曲线序号选择切面，先单击的切面是曲线起始点处的切面，第二次单击的是曲线结束点处的切面。

注意：切面在界面中的位置会影响管状曲面成体后的形态，如图3-153、图3-154所示。

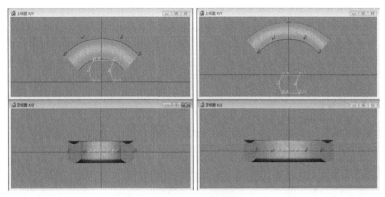

图3-153 切面位于横轴线的上下方

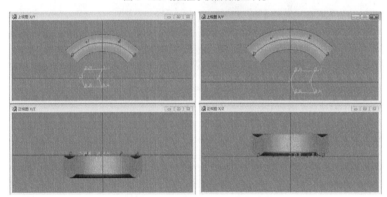

图3-154 切面位于纵轴线的左右方

②横向与纵向。

"横向管状"与"纵向管状"选项控制成体后切面在曲面中的方向，如图3-155所示。

③圆形切面。

"圆形切面"按钮经常用于制作首饰活动连接处的圆环。输入圆环直径或者半径，单击"圆形切面"按钮即可完成操作，如图3-156所示。

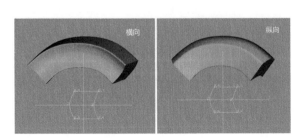

图3-155 横向与纵向

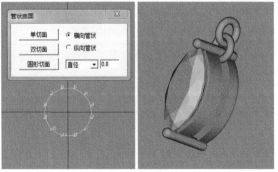

图3-156 圆形切面

管状曲面的效果如图 3-157 所示，操作如下。

图 3-157 管状曲面示例

STEP 01

分析物体造型，能够看出物体两端的造型不同，一端为圆形，另一端则为星状，如图3-158所示。物体的整体造型为螺旋状，根据整体造型画出曲线及切面，如图3-159所示。

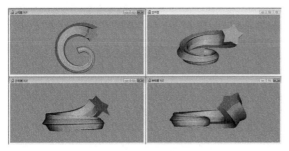

图 3-158 分析物体造型

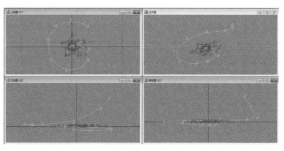

图 3-159 绘制曲线及切面

STEP 02

选中曲线，单击 按钮，在弹出的对话框中单击"双切面"按钮。根据曲线序号决定单击切面的顺序，先单击曲线起始点处的切面——圆形切面，第二次单击结束点处的切面——星状切面，单击第二个切面后结束命令，如图3-160所示。

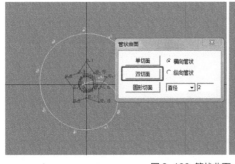

图 3-160 管状曲面

STEP 03

在"JewelCAD资料库"对话框中调出心形配件，完成连接配件的制作，如图3-161所示。

图 3-161 加入配件

注意：使用"双切面"按钮时，两个切面的 CV 点数量要一致。

7. 导轨曲面

"导轨曲面"是"曲面"菜单中较为常用的命令，包括单导轨、双导轨、三导轨和四导轨。图3-162所示的"导轨曲面"对话框中包含 3 个部分——"导轨""切面""切面量度"，在这 3 个部分的相互作用下，即可形成理想的导轨曲面。

①导轨与切面是制作曲面造型的主要对象，准确地画出导轨和切面是制作导轨曲面的重要一步。"导轨"选项组中有"单导轨""双导轨""三导轨""四导轨"选项，根据物体造型选择其中一个来控制曲面的整体造型。"切面"选项组中有"单切面""双切面""对称切面""多切面""圆形切面"选项，根据物体造型进行选择，用于控制物体主体部分的造型，如图3-163所示。

图3-162 "导轨曲面"对话框

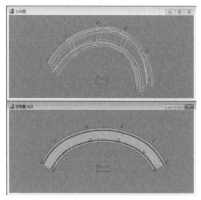

图3-163 导轨与切面的关系

②"切面量度"选项组的功能是成体时控制切面在导轨中的方向及位置。

（1）单导轨纵向。

单导轨纵向是将切面以纵轴线为中心，按照导轨线形状往纵轴线按比例成体的命令，如图3-164所示。

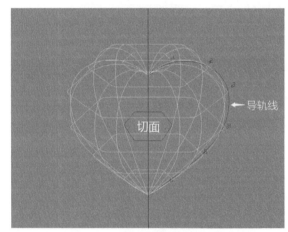

图3-164 单导轨纵向曲面的成体特点

示例 黄金桶珠

黄金桶珠的效果如图3-165所示，操作如下。

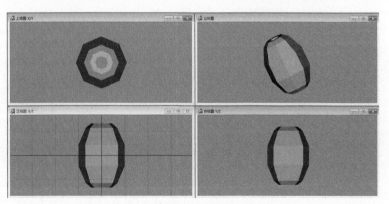

图3-165 黄金桶珠

STEP 01

分析物体造型，在上视图中确定切面，在正视图中确定导轨线，如图3-166所示。注意：导轨线用于确定物体的尺寸，要准确绘制。

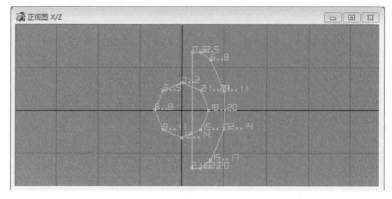

图 3-166 绘制导轨线与切面

STEP 02

单击 按钮，弹出"导轨曲面"对话框，选中"纵向""单切面"选项，"切面量度"保持默认，如图3-167所示。

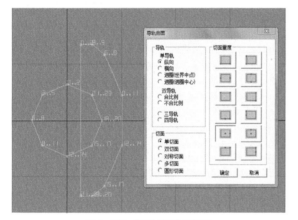

图 3-167 "导轨曲面"对话框

STEP 03

单击"确定"按钮后，先单击导轨线，再单击切面，结束命令，如图3-168所示。

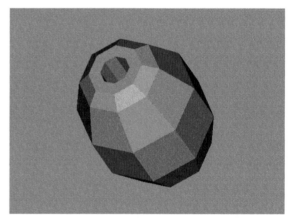

图 3-168 单导轨纵向曲面

（2）单导轨横向。

单导轨横向是将切面以横轴线为中心，按照导轨线形状往横轴线按比例成体的命令，如图3-169所示。

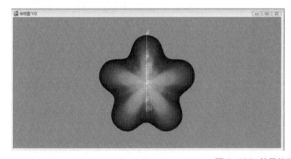

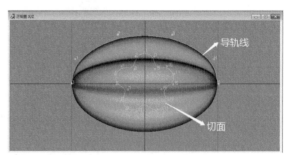

图 3-169 单导轨横向曲面的成体特点

黄金桶珠的效果如图 3-170 所示，操作如下。

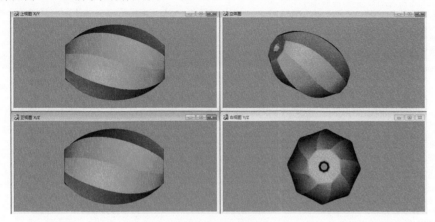

图 3-170 黄金桶珠

STEP 01

分析物体造型可以发现，物体虽然是双切面，但都是八边形，根据物体纹路的走向，对两个切面的CV点进行调整，如图3-171所示。

STEP 02

根据物体造型、尺寸画出导轨线，单击█按钮，弹出"导轨曲面"对话框，选中"横向""双切面"选项，"切面量度"保持默认，如图3-172所示。

STEP 03

单击"确定"按钮后单击导轨线及切面，结束命令，完成曲面的绘制，如图3-173所示。

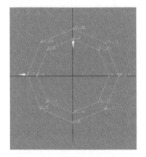

图 3-171 调整切面的 CV 点

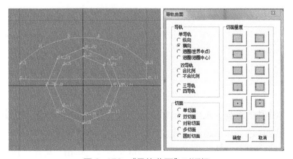

图 3-172 "导轨曲面"对话框

图 3-173 单导轨横向曲面

注意：制作单导轨纵向、横向曲面时，"切面量度"的正常使用范围如图 3-174 所示。

图 3-174 "切面量度"的使用范围

（3）单导轨迴圈（世界中点／迴圈中心）。

迴圈（loop）即环状导轨线，世界中点即界面中心，迴圈中心指环状导轨线的中心。该命令的成体特点为切面以世界中点或者导轨线的中心为中心点，围绕导轨线按比例旋转一周，导轨线控制物体的整体造型及尺寸，常用于制作实体曲面，如图 3-175 所示。

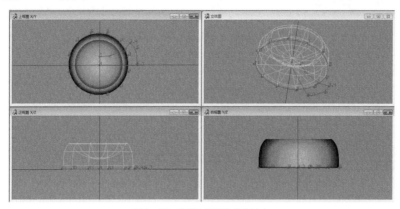

图 3-175 单导轨迴圈的成体特点

示例　方钻吊坠

方钻吊坠的效果如图 3-176 所示，操作如下。

图 3-176 方钻吊坠

STEP 01

绘制导轨线。在上视图中观察物体主体的造型，按照其尺寸在界面中心画出导轨线，根据正视图中的物体的造型与高度画出切面，如图3-177所示。注意：导轨线、切面在同一视图中，切面高度决定成体后的曲面的高度。

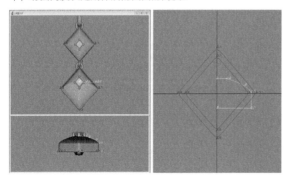

图 3-177 画出导轨线及切面

STEP 02

制作单导轨曲面。单击█按钮，弹出"导轨曲面"对话框，选中"迴圈（迴圈中心）""单切面"选项，设置"切面量度"为█，单击"确定"按钮后先单击尺寸较小的正方形导轨线再单击切面，结束命令，如图3-178所示。

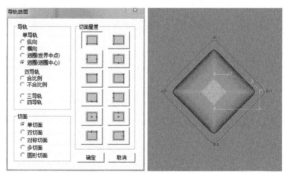

图 3-178 制作单导轨曲面（迴圈中心）

STEP 03

制作单导轨曲面。隐藏成体曲面，将较大的正方形导轨线向下移动，使镶石位于界面中心。单击 按钮，弹出"导轨曲面"对话框，选中"迴圈（世界中点）""单切面"选项，设置"切面量度"为 ，单击"确定"按钮后单击正方形导轨线、切面，结束命令，如图3-179所示。

图 3-179 制作单导轨曲面（世界中点）

STEP 04

镶石。在"JewelCAD资料库"对话框的"Setting"中找到方形钻石碗，按照金属面上小台面的大小、形状调整宝石碗的大小及位置，如图3-180所示。

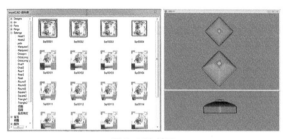

图 3-180 镶石

STEP 05

组装配件。在"JewelCAD资料库"对话框的"Parts"中找到合适的吊坠扣，调整其大小。让圆环连接两个正方形及吊坠扣，完成方钻吊坠的制作，如图3-181所示。

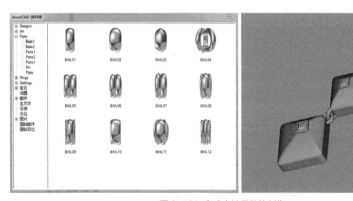

图 3-181 完成方钻吊坠的制作

（4）双导轨。

双导轨是将切面在两条导轨线之间作合比例或者不合比例成体的命令，适用于制作大多数曲面造型，是制作首饰时的常用命令，如图3-182所示。

合比例：切面根据两条导轨线之间的距离作合比例成体。双导轨之间的距离大于切面宽度时，成体后的曲面高度会大于切面高度。当双导轨之间的距离小于切面宽度时，成体后的曲面高度会小于切面高度。

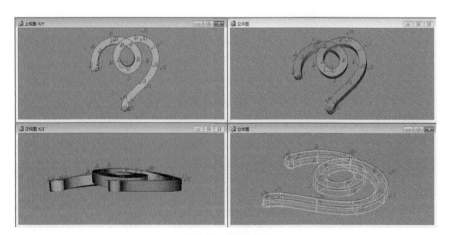

图 3-182 双导轨曲面

不合比例：切面与双导轨成体后，切面宽度与两条导轨线之间的距离相比不论是大还是小，曲面高度都与切面高度相同。

切面量度：双导轨曲面使用的切面量度范围如图 3-183 所示。左侧一列的切面量度表示两条导轨线之间的距离为切面宽度，右侧一列的切面量度则表示两条导轨线之间的距离为切面高度。每一列中的 3 个切面量度表示成体后曲面的方向不同，选择不同的切面量度可形成不同的曲面造型，如图 3-184 所示。

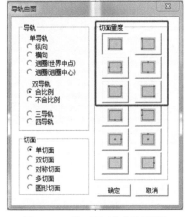

图 3-183 "切面量度"的使用范围

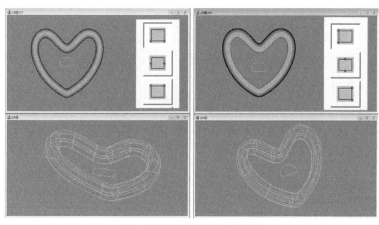

图 3-184 不同切面量度生成的曲面

导轨线与切面量度共同控制切面的方向。切面量度控制成体后切面的大方向，而导轨线能进一步控制切面的具体朝向。导轨线上点的序号方向和生成曲面时单击导轨线的顺序都会影响切面的具体朝向，如图 3-185、图 3-186所示。

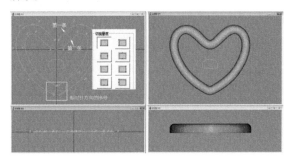

图 3-185 顺时针方向的序号

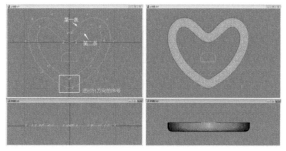

图 3-186 逆时针方向的序号

另外，两条导轨线的位置关系会影响曲面造型。当两条导轨线处于同一平面时，成体后会形成平直的曲面；两条导轨线有高低层次时，形成的曲面会根据高低层次形成有斜度的造型，如图 3-187、图 3-188 所示。

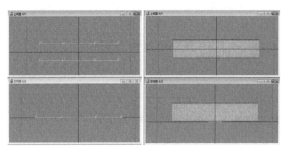

图 3-187 平直的曲面

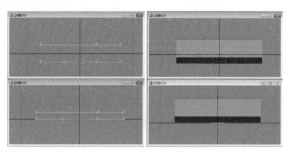

图 3-188 有斜度的曲面

注意：两条导轨线的 CV 点数量必须一致，并且两条线的序号要尽量对齐。

示例 **星月吊坠**

星月吊坠的效果如图 3-189 所示，
操作如下。

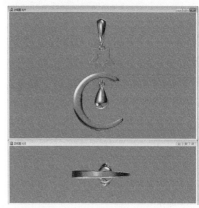

图 3-189 星月吊坠

分析图纸

根据图 3-189 所示，对吊坠主体部分的造型进行分析，星形与月亮形状可用"双导轨"命令制作，中间的水滴形配件可用"纵向环形对称曲面"命令成体。观察正视图、右视图，可以看出星形切面为方形，而月亮的顶部与底部都是弧面，如图 3-190 所示。

绘制导轨线和切面

根据图纸确定吊坠的整体及局部尺寸，按照尺寸执行"背景"命令将图纸导入界面中，如图 3-191 所示。

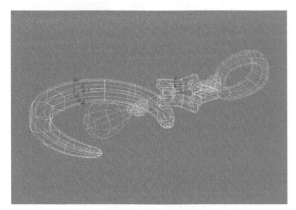

图 3-190 分析切面

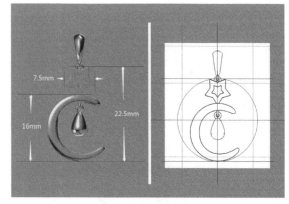

图 3-191 确定背景尺寸

根据背景图纸进行描线，完成后删除图纸，调整导轨曲线。将星形曲线移动至界面中心位置，执行"环形重复线"命令对其进行调整，将其向内侧偏移 1.2mm。根据第①步中对吊坠造型的分析画出切面，如图 3-192 所示。

为主体部分生成曲面

单击 ▣ 按钮，弹出"导轨曲面"对话框，选中"合比例""单切面"选项，设置"切面量度"为 ▣ ，单击"确定"按钮后先单击月亮形状的两条导轨线，再单击切面，完成月亮曲面的制作，如图 3-193 所示。

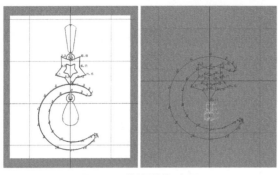

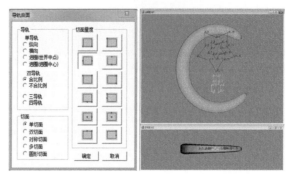

图 3-192 绘制导轨线、切面

图 3-193 月亮曲面

再次单击▦按钮，弹出"导轨曲面"对话框，选中"不合比例""单切面"选项，设置"切面量度"为▦，单击"确定"按钮后先单击星形的两条导轨线，再单击方形切面，完成星形曲面的制作，如图 3-194 所示。

制作配件

按照尺寸绘制水滴形配件的切面，执行"纵向环形对称曲面"命令将其成体。使用"管状曲面"工具制作圆环，将水滴配件与主体部分连接起来，如图 3-195 所示。

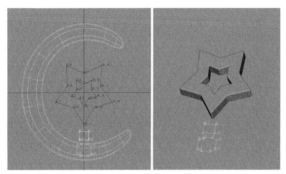

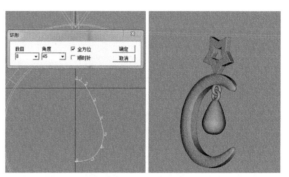

图 3-194 星形曲面

图 3-195 制作水滴配件

连接吊坠

在"Jewel CAD 资料库"对话框的"Parts"中找到合适的吊坠扣，调整其大小。让圆环连接星形及吊坠扣，完成星月吊坠的制作，如图 3-196 所示。

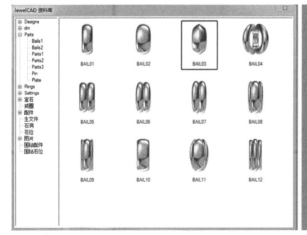

图 3-196 完成吊坠的制作

示例 双导轨戒指

双导轨戒指（对称切面）的效果如
图 3-197 所示，操作如下。

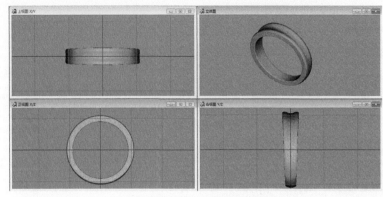

图 3-197 双导轨戒指（对称切面）

STEP 01

在正视图中执行"圆形"命令，绘
制直径为18mm的导轨线，将其偏移
2mm得到第二条导轨线。从侧视图中
可以看出戒指包含两个切面，根据侧
视图中的造型画出切面，如图3-198所
示。注意：制作戒指时，在正视图中
绘制戒圈。

STEP 02

单击 按钮，弹出"导轨曲面"对话框，选中"合比例""对称切面"选项，设
置"切面量度"为 ，如图3-199所示。单击"确定"按钮后先单击外侧曲线、内
侧曲线，然后单击导轨线起始点处的切面，再单击另外一个切面，结束命令，完
成双导轨戒指的制作，如图3-200所示。

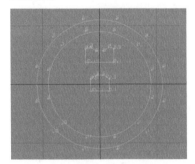

图 3-198 绘制双导轨线与切面

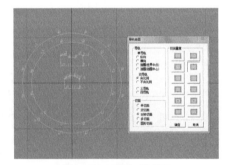

图 3-199 双导轨对称切面

图 3-200 双导轨戒指（对称切面）

示例 钻石耳钉

钻石耳钉的效果如图 3-201 所示，
操作如下。

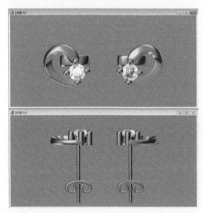

图 3-201 钻石耳钉

分析耳钉造型

从图 3-201 中可以看出，耳钉的金属部分有一个反转造型，如图 3-202 所示。通过对两条导轨线的位置与成体造型间关系的了解，可分析出导轨线、切面造型。

调整宝石碗

在"JewelCAD 资料库"对话框的"Setting"中调出圆形爪镶宝石碗，调整宝石碗的尺寸为 3mm，如图 3-203 所示。

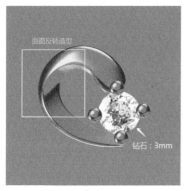

图 3-202 分析造型

图 3-203 调整宝石碗

绘制导轨线和切面

根据图纸确定耳钉的整体及局部尺寸，按照尺寸执行"背景"命令将图纸导入界面中，如图 3-204 所示。

在上视图中画出导轨线，并在正视图中对其高度进行调整，然后按照图纸中的曲面造型画出切面，高度为 1.5mm，如图 3-205 所示。

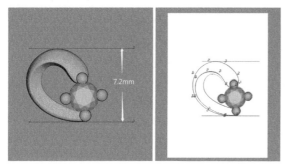

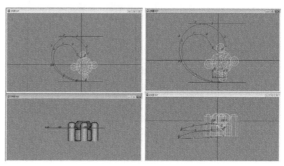

图 3-204 确定耳钉尺寸

图 3-205 绘制导轨线和切面

生成曲面

单击 按钮，弹出"导轨曲面"对话框，选中"不合比例""单切面"选项，设置"切面量度"为 ▣，根据 CV 点的顺序先单击内侧导轨线、外侧导轨线，然后单击切面，结束命令，完成曲面的制作，如图 3-206 所示。

将曲面的 CV 点展示出来，按照图纸对其进行局部调整，注意细节部分的处理，如图 3-207 所示。

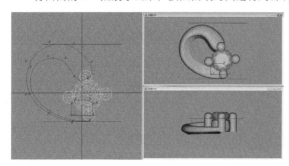

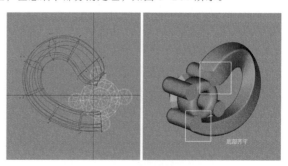

图 3-206 双导轨曲面

图 3-207 调整曲面

添加配件

在"JewelCAD 资料库"对话框的"Parts"中，找到合适的耳针、耳堵，并将它们焊接在合适的地方。将完成的单只耳钉移动到纵轴线的一侧并选中，执行"左右复制"命令复制出另外一只，完成耳钉的制作，如图 3-208 所示。

（5）三导轨。

"三导轨"是使用 3 条曲线为导轨线与切面生成曲面的命令，3 条导轨线共同控制曲面的宽度和高度，如图 3-209 所示。注意：先单击的两条导轨线控制曲面的宽度或者高度，单击的第三条导轨线控制曲面的高度或者宽度（由切面量度决定）。

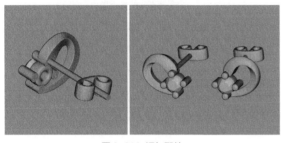
图 3-208 添加配件

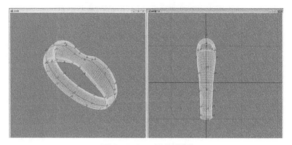
图 3-209 三导轨曲面

示例 **三导轨曲面**

三导轨曲面的效果如图 3-210 所示，操作如下。

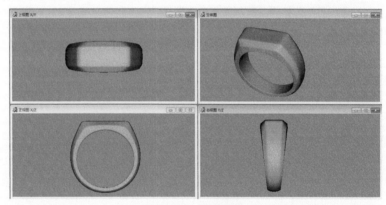
图 3-210 三导轨曲面

STEP 01

图 3-210 所示为一枚戒指，右视图中的造型上宽下窄，可以使用控制宽度的两条导轨线来制作此造型；正视图中显示出了曲面的高度及造型，可以使用第三条导轨线来控制曲面造型及高度；从右视图中还可以看出此枚戒指有两个切面，如图 3-211 所示。注意：CV 点的序号一定要对齐。

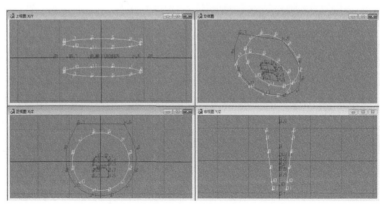
图 3-211 导轨线、切面

STEP 02

单击 按钮，弹出 "导轨曲面" 对话框，选中 "三导轨" "对称切面" 选项，设置 "切面量度" 为 ，先单击表示宽度的两条导轨线（图3-211中选中的两条曲线），再单击第三条导轨线。按照切面在曲面中的位置，先单击0号点处的切面，再单击另外一个切面，结束命令，完成曲面的制作，如图3-212所示。

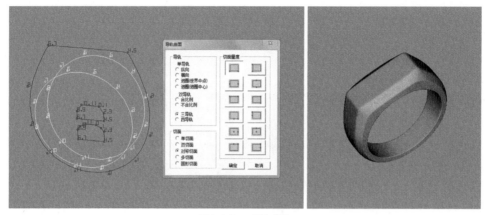

图 3-212 三导轨曲面

（6）四导轨。

"四导轨" 是使用 4 条曲线为导轨线与切面生成曲面的命令，4 条导轨线控制曲面 4 个方向上的造型及尺寸，如图 3-213 所示，它常用于制作动物或比较不规则的造型。生成四导轨曲面时，先选择相对的两条曲线控制物体的宽度或高度，再选择剩下的两条相对的曲线，并单击切面，结束命令。

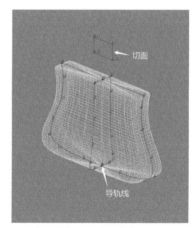

图 3-213 四导轨曲面

示例 **手提袋形钻石吊坠**

手提袋形钻石吊坠的效果如图 3-214 所示，操作如下。

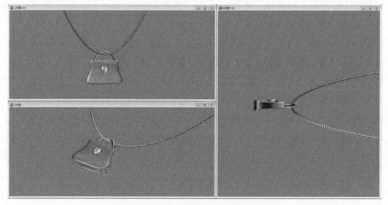

图 3-214 手提袋形钻石吊坠

STEP 01

分析吊坠造型，在上视图中根据吊坠造型画出两条导轨线，再根据侧视图中的吊坠造型画出另外两条导轨线，注意4条导轨线上的CV点要对应，如图3-215所示。

从吊坠的整体造型可以看出，其切面为方形，画出方形切面，如图3-216所示。

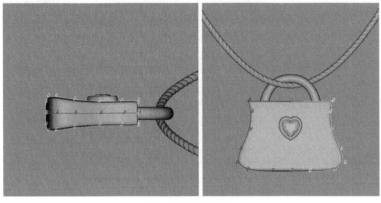 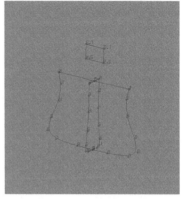

图 3-215 绘制导轨线　　　　　　　　　　图 3-216 4 条导轨线与单切面

STEP 02

单击█按钮，弹出"导轨曲面"对话框，选中"四导轨""单切面"选项，设置"切面量度"为▣，每两条相对的导轨线为一组，先单击其中一组导轨线，再单击另外一组导轨线，最后单击切面，完成四导轨曲面的制作，如图3-217所示。

注意：单击4条导轨线的顺序不同，成体后的切面方向也不一样，多练习就能掌握其中的规律。

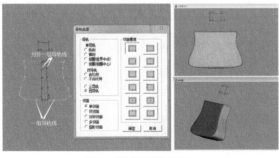

图 3-217 四导轨曲面成体

STEP 03

在上视图中执行"左右对称线"命令，按照吊坠造型画出手提袋把手部分的曲线；执行"管状曲面"命令，制作直径为0.8mm的管状曲面，如图3-218所示。

图 3-218 制作把手

STEP 04

在"JewelCAD资料库"对话框的"Setting"中选择心形钻石，调整其尺寸与高度后，完成手提袋钻石吊坠的制作，如图3-219所示。

"导轨曲面"命令是"曲面"菜单中的重要命令，大多数珠宝首饰造型都可以使用该命令制作。该命令的使用方法不难掌握，能够将其灵活运用才是学习的重点。

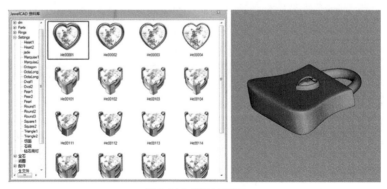

图 3-219 镶嵌心形钻石

◆ 其他曲面工具

1. 多重变形

"多重变形"是将一条封闭曲线延伸成体的命令，在成体的过程中可以进行放大、缩小、旋转操作。

根据物体造型绘制出封闭曲线，执行"多重变形"命令，弹出"多重变形"对话框，该对话框的功能与"复制"菜单、"曲线"菜单中的"多重变形"命令的对话框的功能相似，但它们的任务不同。根据造型要求设定该对话框中的数值，

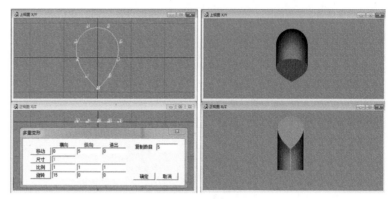

图 3-220 多重变形

单击"确定"按钮后生成曲面，结束命令，如图 3-220 所示。

2. 圆柱曲面、角锥曲面、球体曲面

"圆柱曲面""角锥曲面""球体曲面"是系统自带的命令，执行这些命令后，相应的曲面会出现在界面的中心位置，曲面的直径、高度默认为 2mm。

3. 封口曲面、开口曲面

"封口曲面"是将曲面 U 方向（曲面横向）封口的命令，"开口曲面"则是将曲面 U 方向开口的命令。选中物体，执行相应的命令即可。注意：执行"开口曲面"命令时，曲面开口的位置为成体时导轨曲线起始点和结束点的位置。

4. 倒序编号

"倒序编号"是将曲面 U 方向的 CV 点进行倒序排列的命令，该命令常用于当两个曲面的序号方向不一致而不能正常连接时，改变曲面的序号方向。

5. 增加控制点

"增加控制点"是在曲面上增加控制点的命令，只能在原来控制点数量的基础上成倍地增加，可以选择在 U 方向或者 V 方向（曲面纵向）上进行单方向的增加，也可以在两个方向同时增加，如图 3-221 所示。注意：曲面控制点可以增加，但不能减少。

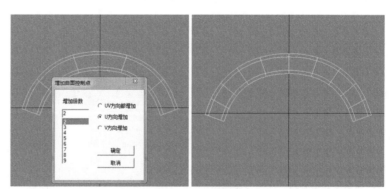

图 3-221 增加控制点

6. 平滑度

　　"平滑度"是平滑曲面的命令。选中曲面，执行"平滑度"命令，弹出对话框，根据要求选择增加平滑度或者减少平滑度，然后输入增加或减少的数量，或者选择倍数。平滑后的曲面在详细线图中能够显示出来，如图 3-222 所示。注意：平滑度增加过多会导致计算机运行速度过慢。

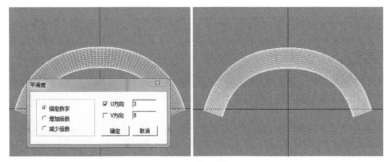

图 3-222　增加平滑度

7. U/V 互换

　　"U/V 互换"是将曲面的 U 方向和 V 方向互换的命令。在执行"线面连接曲面""开口曲面"等命令时，可以根据需求进行 U/V 互换。

8. 反转曲面面向

　　"反转曲面面向"是将曲面的外表面与内表面互换的命令。

9. 偏移曲面

　　"偏移曲面"是根据选中曲面进行一定距离的偏移从而产生新曲面的命令，该命令的使用方法与"偏移曲线"命令相同，如图 3-223 所示。

10. V- 曲线

　　"V- 曲线"是在选中曲面的 V 方向进行封口曲面、开口曲面、倒序编号操作的命令。选中曲面后，根据要求执行相应的命令即可。

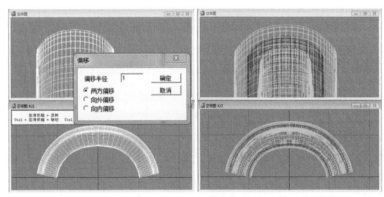

图 3-223　偏移曲面

◆ 曲面工具的简单运用

示例 **素金指环**

素金指环的效果如图 3-224 所示，操作如下。

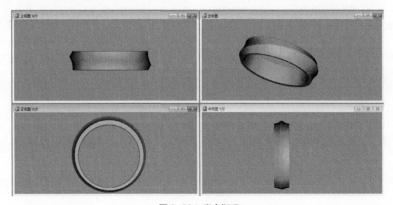

图 3-224　素金指环

分析指环造型

从图 3-224 中可以看出，指环面上凸起的部分环绕指环一周，并且凸起位置在指环中是变化的，如图 3-225 所示。

绘制导轨线和切面

戒圈内径为 18mm，戒底厚度为 1.5mm，戒面高度为 2.5mm。根据指环造型确定切面形状，注意每个切面凸起部分的 CV 点序号的分布，设置合适的切面数量，如图 3-226 所示。

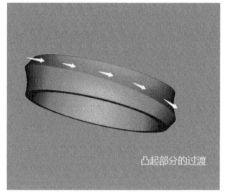

图 3-225 分析造型

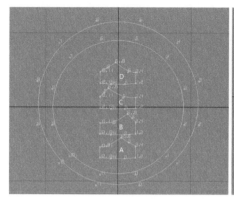

图 3-226 导轨线、切面

多切面成体

单击 按钮，弹出"导轨曲面"对话框，选中"双导轨（不合比例）""多切面"选项，设置"切面量度"为 。单击"确定"按钮后，先单击导轨线（先单击外侧导轨线再单击内侧导轨线），再单击导轨线起始点处的 A 切面，如图 3-227 所示。

单击外侧导轨线上的 2 号 CV 点，单击 B 切面。从 2 号 CV 点到其左右对称位置的 9 号 CV 点，这之间的切面为 B 切面到 C 切面的过度，所以单击 9 号 CV 点后单击 C 切面。单击 11 号 CV 点，再单击 D 切面，完成曲面的制作，结束命令，如图 3-228 所示。完成后，在上视图中长按"反转"工具查看效果。

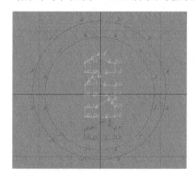

图 3-227 单击第一个切面

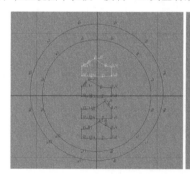

图 3-228 完成曲面的制作

变形菜单

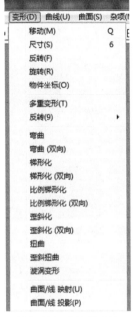

图 3-229 "变形"菜单

"变形"菜单中的命令对物体的位置、造型有实际意义的改变，执行"变形"菜单中的命令，能够修改物体形态并达到理想效果，如"移动""尺寸""曲面/线 映射"等，这些命令在制作珠宝首饰造型时有重要作用，如图 3-229 所示。

常用的变形工具以工具列的形式显示在界面中，包括基本变形工具列和变形工具列，如图 3-230 所示。

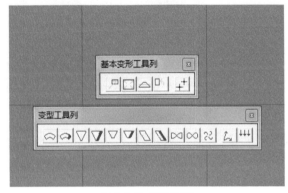

图 3-230 变形工具列

◆ 基本变形命令

1. 移动

"移动"命令可对选中的物体进行移动操作，包括单方向移动和任意移动。选中物体，执行"移动"命令或者单击 ⌐ 按钮，按住鼠标左键可左右或上下移动物体，而按住鼠标右键可以将物体往任意方向移动。按空格键结束命令，单击鼠标右键取消选中物体，如图 3-231 所示。

2. 尺寸

"尺寸"命令可对物体进行缩放操作，包括整体缩放和单方向缩放。选中物体，执行"尺寸"命令或单击 □ 按钮，按住鼠标左键可将物体进行整体缩放，而按住鼠标右键只可沿单方向缩放物体，如图 3-232 所示。按空格键结束命令，单击鼠标右键取消选中物体。

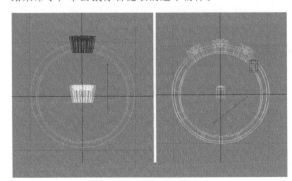

图 3-231 单方向移动与任意移动

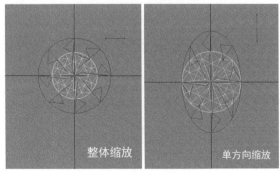

图 3-232 整体缩放与单方向缩放

3. 反转

"反转"命令可将物体进行一定角度的反转，包括单方向反转和任意反转。选中物体，执行"反转"命令或单击▣按钮，按住鼠标左键可将物体进行上下或者左右反转，而按住鼠标右键则可以将物体进行任意角度的反转。按空格键结束命令，单击鼠标右键取消选中物体，如图3-233所示。

4. 旋转

"旋转"可将选中物体进行逆时针或顺时针旋转。选中物体，执行"旋转"命令或单击▣按钮，按住鼠标左键进行旋转，旋转中心点为界面中心点。按空格键结束命令，单击鼠标右键结束取消物体，如图3-234所示。

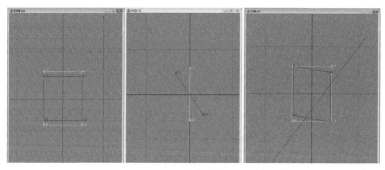

图3-233 单方向反转与任意反转

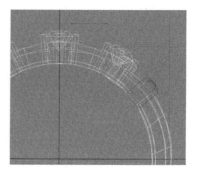

图3-234 旋转

以上为基础变形命令，除了可对选中物体进行变形操作外，也可以选中物体的CV点，对物体的局部进行相应的操作，以达到一定的变形效果，如图3-235所示。

5. 物件坐标

物件坐标是指物体原始位置的坐标，相对而言的是世界坐标。在JewelCAD中，对处于任何位置的物体变形，界面中心皆默认为变形中心，而物体在界面中心或者离界面中心较近时，用户更容易把握其变形尺度。

"物件坐标"命令可让不在界面中心的物体以其本身坐标为准进行变形，主要用于物体经过多次变形，或者已远离界面中心时，方便用户对物体的变形效果进行整体把握。这就要求我们在做配件时，要在界面中心完成，而后将其移动到相应的位置变形。

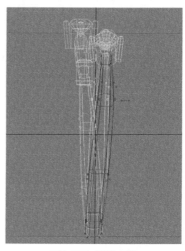

图3-235 CV点变形

（1）执行"物件坐标"命令。

在界面中心制作物体并将其移动到相应位置，使用变形工具时，同时执行"物件坐标"命令或单击▣按钮，使物体可以以物体坐标为准进行变形，如图3-236所示。

（2）不执行"物件坐标"命令。

在常规情况下，"物件坐标"工具处于不被选中状态，这时物体变形的中心为界面中心，如图3-237所示。

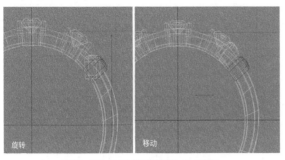
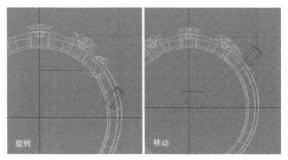

图 3-236 执行 "物件坐标" 命令变形　　　　　　图 3-237 不执行 "物件坐标" 命令变形

注意：当组合物体需要整体变形时，不能对其执行 "物件坐标" 命令；若执行，则会导致物体的每个组成部分以其自身坐标为准进行变形，从而不能达到整体变形的目的。

◆ 变形命令

1. 多重变形

"多重变形" 命令是移动、尺寸、比例、旋转 4 个命令的综合，弹出 "多重变形" 对话框后以输入数值的方式对物体位置、大小及运动方向同时进行改变。选中物体，执行 "多重变形" 命令，弹出对话框并输入数值后，可以得到精确的变形效果，如图 3-238 所示。

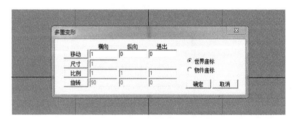

图 3-238 "多重变形" 对话框

在输入数值时，有横向、纵向、进出 3 个变形方向及坐标中心可以选择。"移动" 命令的 "横向" 数值可以使选中物体在当前视图中横向移动，"纵向" 数值可使选中物体上下运动，"进出" 数值可控制物体的前后运动。"尺寸"、"比例" 是改变物体大小的命令。"尺寸" 命令可对物体进行整体放大或缩小，这里用简单的公式说明，物体原有尺寸 + 输入数值 = 完成尺寸。"比例" 命令则可以根据需要对物体每个方向的尺寸，按照物体的比例进行变形。"旋转" 命令的 "横向" 数值控制物体以 x 轴为旋转轴进行旋转，"纵向" 数值则控制物体以 y 轴为旋转轴进行旋转，"进出" 数值控制物体以前后方向为旋转轴进行旋转。在执行 "物件坐标" 命令后，物体会根据 "多重变形" 对话框中设定的数值以自身坐标为准进行变形，如图 3-239 和图 3-240 所示。

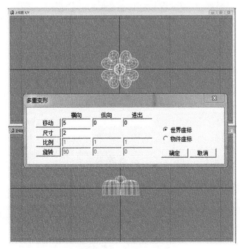

图 3-239 输入数值

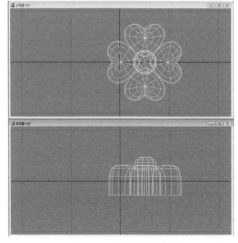

图 3-240 多重变形完成

2. 反转

"反转" 命令用于把选中物体沿一定的方向进行 90° 旋转，方向包括上、下、左、右 4 个。这与 "复制" 菜单中的 "反转复制" 命令相似，不同之处在于这里的命令在反转过程中不进行复制。

3. 弯曲和弯曲（双向）

弯曲命令可对物体进行弯曲操作，包括"弯曲"命令和"弯曲（双向）"命令。"弯曲"命令只能在一个方向上弯曲物体，如图3-241所示。"弯曲（双向）"命令可以将物体的两个边同时进行弯曲，如图3-242所示。

图 3-241 弯曲

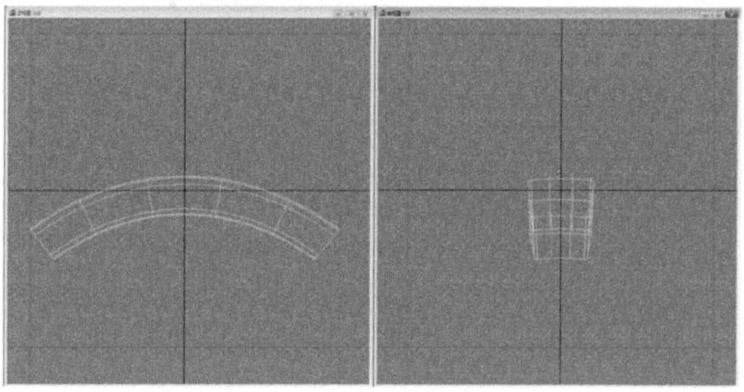

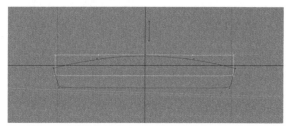

图 3-242 弯曲（双向）

在JewelCAD中，物体要弯曲必须以CV点作为转折条件，物体弯曲的状态也会受到CV点数量的影响。从图3-243中可以看出，有CV点的边可以正常弯曲，没有CV点的边则不能弯曲。

图 3-243 CV点影响弯曲

4. 梯形化和梯形化（双向）

梯形化命令包括"梯形化"命令和"梯形化（双向）"命令。"梯形化"命令只作用于当前视图，如图3-244所示。"梯形化（双向）"命令可将物体的两个面同时进行梯形化，多用于制作戒臂造型，如图3-245所示。

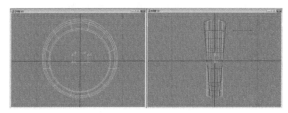

图 3-244 梯形化

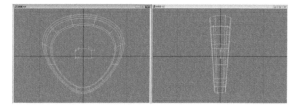

图 3-245 梯形化（双向）

5. 比例梯形化和比例梯形化（双向）

比例梯形化命令和梯形化命令相似，它同样包含单向和双向两个功能，不同之处是在梯形化的过程中，执行"比例梯形化"命令后，物体整体会按照比例进行梯形化。在图3-246和图3-247中，绿色部分处于梯形化状态，表现在物体两端的放大与缩小；白色物体则是按比例梯形化后的效果；从CV点分割线的大小能够看出，"比例梯形化"命令按照比例对物体整体进行了放大和缩小，使物体具有一定的透视效果。

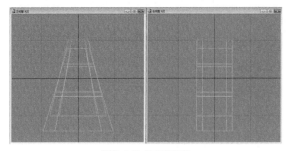

图 3-246 比例梯形化

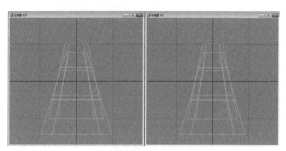

图 3-247 比例梯形化（双向）

6. 歪斜化和歪斜化（双向）

歪斜化命令包括"歪斜化"命令和"歪斜化（双向）"命令。"歪斜化"命令只可以将选中物体在当前视图中进行歪斜化变形，如图 3-248 所示。"歪斜化（双向）"命令则可以使物体在每个视图中都进行歪斜化变形，如图 3-249 所示。

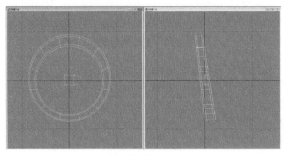

图 3-248 歪斜化

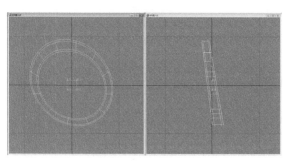

图 3-249 歪斜化（双向）

7. 扭曲和歪斜扭曲

"扭曲"命令用于将物体扭曲，使其呈麻花状。"歪斜扭曲"命令只能将物体扭曲一次，常用于制作"8"字形戒身，如图 3-250 所示。

8. 漩涡变形

"漩涡变形"命令可使物体进行旋涡变形，若需要较为明显的旋涡变形，就需要物体的 CV 点较多，这样物体在变形后线条依然流畅，如图 3-251 所示。

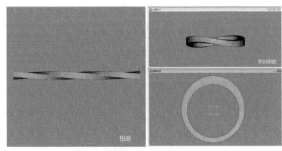

图 3-250 扭曲和歪斜扭曲

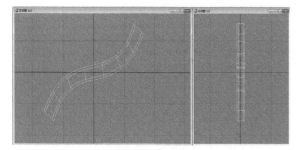

图 3-251 漩涡变形

以上变形命令在运用的过程中，要先注意物体 CV 点的数量，根据变形强弱的需要，设置合适的 CV 点，保证物体的流畅性；然后注意物体的位置，在界面中心和偏离中心处执行变形命令时，产生的效果会有差异。

◆ 映射与投影

"曲面 / 线 映射""曲面 / 线 投影"是两个比较重要的变形命令，经常用于实现线面变形。

1. 曲面 / 线 映射

"曲面 / 线 映射"命令可将选中物体映射到设置好的曲线或者曲面上。在操作时，通过设置弹出对话框中的各个选项进行具体的映射变形，如图 3-252 所示。

图 3-252 "曲面 / 线 映射"对话框

具体操作方法：先选中映射物体，然后执行"曲面/线 映射"命令，在弹出的对话框中选择相应选项，单击"确定"按钮后单击要映射的曲线或者曲面，结束命令，如图3-253所示。该命令多用于将曲面映射到曲线上。

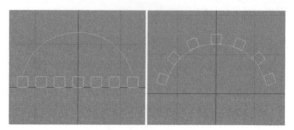

图 3-253 曲面/线 映射

示例 **"曲面/线 映射"对话框中各选项的使用方法**

STEP 01

图3-254所示是将一个波浪曲面映射到戒面上的效果。在正视图中，先根据款式需求在戒面上绘制一条曲线，用于标记波浪曲面的映射范围，然后调整曲面长度使其与标记的曲线长度一致。选中映射曲面，执行"曲面/线 映射"命令，弹出对话框。

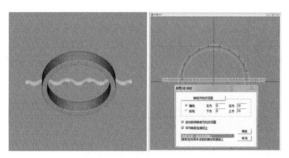

图 3-254 弹出"曲面/线 映射"对话框

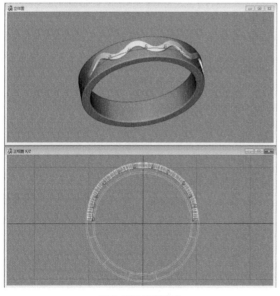

图 3-256 映射完成

STEP 02

单击"映射方向及范围"按钮，界面中会出现一个蓝框，也可以按住鼠标左键拖曳出蓝框将映射物体框住，单击鼠标右键后返回对话框。这时"映射方向及范围"选项组中的数据会根据蓝框范围而有所改变。使用"映射方向及范围"按钮后，下方的"自动探测映射方向及范围"选框将自动调整为未选中状态，如图3-255所示。

图 3-255 映射方向及范围

STEP 03

选中"平均映射在曲线上"选框可使映射曲面均匀地映射到曲线上，选择"映射在单一曲线或曲面上"选项可将物体映射在选择的曲线或曲面上。根据要求设置完成后，单击"确定"按钮，再单击曲线，映射曲面会根据曲线的长度及造型进行变形，结束"曲面/线 映射"命令，如图3-256所示。
注意：若选择"映射在所有未选取的曲线或曲面上"选项，映射物体将会映射在界面中所有的曲线或曲面上，如图3-257所示。

图 3-257 映射在所有未选取的曲线或曲面上

STEP 04

映射物体进行映射变形时，可以根据实际情况执行"可变形""不可变形"命令。当映射物体由多个物体组成时，若要保持单个物体的形状不变，在映射之前选中映射物体，执行"编辑"菜单中的"不可变形"命令即可，如图3-258所示。

以上是"曲面/线 映射"命令的使用说明，对应的示例较为简单，有助于初学者学习。在对JewelCAD有了进一步认识后，"曲面/线 映射"命令的应用范围会更广泛，在经常需要把多个小配件（如鸟的羽毛、龙的鳞片）贴在曲面上等情况下，该命令是很有效的。

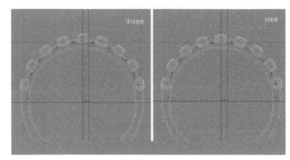

图 3-258 不可变形与可变形

2. 曲面 / 线 投影

"曲面/线 投影"命令与"曲面/线 映射"命令的功能相似，不同之处在于"曲面/线 映射"命令中的映射范围可以选择，而"曲面/线 投影"命令中的投影范围是默认不可超出被投影物体覆盖的范围的，只可选择投影方向与性质，如图3-259所示。

"曲面/线 投影"命令的使用方法较容易掌握。先选中投影物体，弹出对话框后根据需求选择"投影方向"及"投影性质"，单击"确定"按钮后，单击被投影物体，结束命令，如图3-260所示。

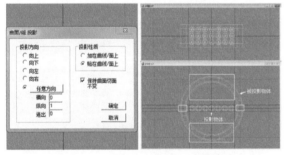

图 3-259 "曲面/线 投影"对话框及投影范围

图 3-260 曲面/线 投影

示例 **"曲面 / 线 投影"对话框中各选项的使用方法**

STEP 01

选中投影物体，执行"曲面/线 投影"命令，在弹出的对话框中选择相应的投影方向，或者单击"任意方向"按钮，按住鼠标左键拖动选择方向，如图3-261所示。

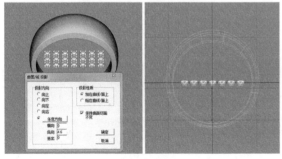

图 3-261 投影方向

STEP 02

选中"保持曲面切面不变"选框，可使投影后的物体保持原来的形状，如图3-262所示。

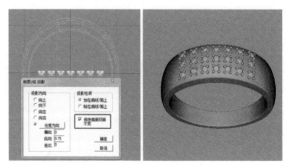

图 3-262 投影

注意：若不选中"保持曲面切面不变"选框，投影后物体会发生变形，选中和未选中该选项的效果如图3-263、图3-264所示。

图 3-263 投影后不变形

图 3-264 投影后变形

STEP 03

在"投影性质"选项组中，"加在曲线/面上"选项可使物体投影在被投影物体上方，此处的上方与投影物体所在的原始位置有关。界面中心的横轴线相当于被投影物体的表面，当投影物体离该横轴线有一定距离时，物体在投影后也会离被投影物体有相同的距离，如图3-265所示。

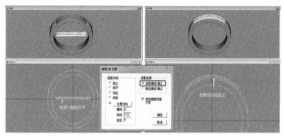

图 3-265 加在曲线 / 面上

选择"贴在曲线 / 面上"选项可使物体投影后与被投影物体有重合部分，这时投影物体离界面中心横轴线的距离不影响投影效果，如图 3-266 所示。根据实际情况选择合适的投影性质，以达到理想效果。

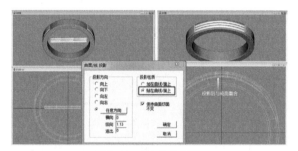

图 3-266 贴在曲线 / 面上

注意：执行"曲面 / 线 投影"命令时，要先确定投影物体要在被投影物体覆盖的范围内，超出该范围的物体将不会投到被投影物体上，如图3-267所示。

变形工具列中包含了较多种类的变形工具，在制作珠宝造型时起到了较为重要的作用。随着对 JewelCAD 的熟知，变形工具列中工具的使用范围将会更加广泛，这在后续的内容中也会体现出来。

图 3-267 超出投影范围

◆ 变形工具的简单运用

针对上述内容，运用变形工具完成一个较简单的实例，如图3-268所示。在具体操作过程中，需要使用曲线工具进行简单辅助，难度较小，根据步骤操作比较容易掌握。

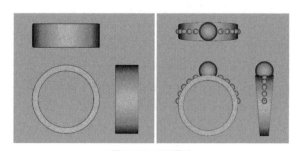

图 3-268 示例图片

STEP 01

从"JewelCAD资料库"对话框里找出一个普通的戒指，执行"尺寸"命令把戒臂宽度加大至6mm。在曲面工具列中选择"球体曲面"工具，这时在界面中心会出现一个球体，选择"移动"工具将其移到戒指顶部，如图3-269所示。

STEP 02

选择"尺寸"工具并打开物体坐标，放大球体至球体底部，接触到戒指内圈即可，但不可超过内圈，如图3-270所示。

图 3-269 移动球体

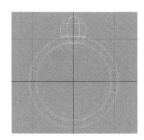
图 3-270 放大球体

STEP 03

在侧视图中选中戒指，执行"梯形化"命令，使戒臂整体呈倒梯形，戒臂底部尺寸为4mm。可以事先使用"圆形"工具画出直径为4mm圆形放在戒指底部作为参考，如图3-271所示。

STEP 04

回到正视图，再次使用"球体曲面"工具调出球体，把球体放大至2.5mm，并复制5个球体，球体之间间隔一定的距离，如图3-272所示。

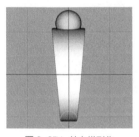
图 3-271 单向梯形化

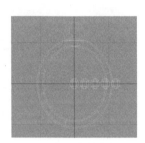
图 3-272 复制球体

STEP 05

根据图3-268的示例图片，把球体映射到戒指戒臂的上半部分。根据戒臂弧度使用"任意曲线"工具画出一条映射曲线，如图3-273所示。

STEP 06

选择"曲面/线 映射"工具，为了保证映射的准确性，可在"映射方向及范围"选项组中选择映射范围，如图3-274所示。将球体映射在戒臂上后进行左右复制，完成戒指的制作，如图3-275所示。

图 3-273 映射曲线

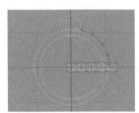
图 3-274 选择映射范围

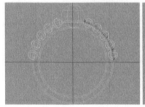

图 3-275 完成映射

杂项菜单

　　"杂项"菜单中的命令功能多样，有与实体、后期输出相关的命令，其中"布林体"是较重要的命令，如图3-276所示。

◆ 实体相关命令

1. 布林体

　　"布林体"是将两个以上的实体进行联集、交集、相减等布尔运算，从而得到新物体的命令。新物体为布林体，执行"选取曲面"命令时不能被选中，执行"选取布林体"命令时可被选中。另外，物体被执行"布林体"命令后的坐标为物体坐标。

图 3-276 "杂项"菜单

（1）"联集"命令可以将两个及以上的实体物体联集成一个物体。选中物体，单击 按钮后结束命令。联集过程中物体的形态、位置都不会发生变化，联集前与联集后物体数量的变化如图 3-277 所示。

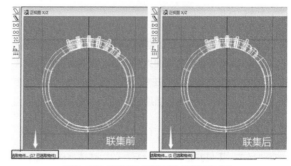

图 3-277 联集前与联集后物体数量的变化

（2）"交集"是只保留两个相交的实体物体相交部分的命令，从而形成新造型，其余部分不被保留。选中两个相交的物体，单击 按钮后结束命令。执行"交集"命令后，两个物体便被联集在一起，交集结果在彩色图和光影图中能够显示出来，其他视图中不被保留的部分也会显示出来，如图 3-278、图 3-279 所示。

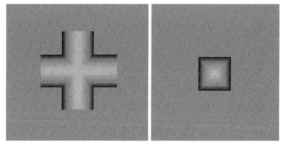

图 3-278 交集前与交集后

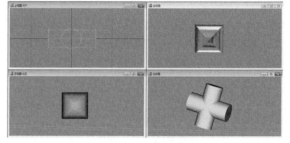

图 3-279 不同视图下显示的交集结果

（3）"相减"命令可以使用一个物体（相减物体）将其与另外一个物体（被减物体）重合的部分减掉，使被减物体的造型符合要求。选中相减物体，单击 按钮后再单击被减物体，结束命令。相减后，相减物体消失，相减结果只在彩色图和光影图中显示，如图 3-280 所示。注意：相减物体可以是多个物体，被减物体只能是一个物体。

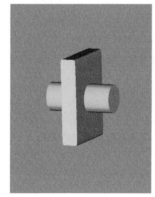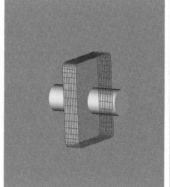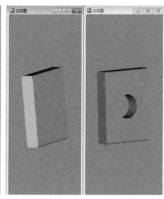

图 3-280 相减过程

（4）"还原布林体"是将联集、交集、相减结果还原的命令。选中布林体，单击 按钮后结束命令。还原布林体后，物体的相关属性也会被还原，如果相减物体被还原出来，物体则回到原来的坐标位置。

（5）"展示减去物件"是将消失的相减物体展示出来的命令。选中相减布林体，执行"展示减去物体"命令，相减物体将显示出来。

（6）"隐藏减去物件"是将展示出来的相减物体隐藏起来的命令。

2. 块状体

"块状体"是将一些符合要求的曲线延伸成块状体的命令。块状体的整体造型由曲线控制，其高度及细节部分可以在"制作块状体"对话框中设置，如图 3-281 所示。

图 3-281 "制作块状体"对话框

① "前端"与"后端"控制块状体前后边角形状的造型，有"尖角""圆角""切角"可选，根据要求选择相应的造型。

② "圆角／切角 半径"控制块状体前后边角形状的大小，该尺寸要结合块状体的厚度来定，并且该尺寸不包含在形成块状体的曲线尺寸内。

③ "块状体厚度"控制块状体的厚度，不包括圆角、切角的半径。块状体整体厚度＝块状体厚度＋块状体前后边角形状的半径尺寸。注意：尖角造型不增加厚度。

④ 生成块状体的要求：块状体由曲线生成，所有曲线必须为封闭曲线；最外面的曲线控制块状体的整体形状，该曲线的 CV 点排列方向必须为逆时针；里面曲线的 CV 点排列方向必须为顺时针，外面的曲线要包围住里面的曲面，不能交叉。若里面的曲线又包围了一层曲线，那么这层曲线的 CV 点排列方向要与围住它的曲线的 CV 点排列方向相反。

示例 **块状体**

块状体的效果如图 3-282 所示，操作如下。

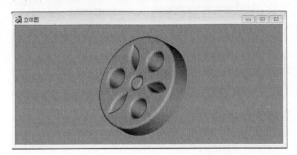 

图 3-282 块状体

STEP 01

根据实体图片画出曲线，注意内外曲线的CV点的排列方向，如图3-283所示。

STEP 02

选中所有曲线，执行"块状体"命令，根据图3-282所示的物体造型在"制作块状体"对话框中选择前后端形状的样式及尺寸，如图3-284所示。单击"确定"按钮后结束命令，完成块状体的制作，如图3-285所示。

 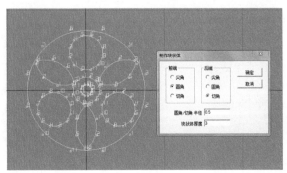 

图 3-283 块状体曲线　　　　图 3-284 设置块状体　　　　图 3-285 完成块状体的制作

注意：块状体成体后，不能执行"Restore removed curves"命令展示形成块状体的曲线。

3. 宝石

"宝石"对话框中的宝石形状不多,如图 3-286 所示,但可以根据要求对其进行变形,以得到其他形状的宝石,如"圆形钻石"可以变形为椭圆形钻石,"八方钻石"可以变形为祖母绿形钻石等。这些宝石中只有"梯形钻石"可以显示 CV 点,其他宝石只能使用变形工具列中的"尺寸"工具改变尺寸和形状。

在 JewelCAD 中,宝石的主要作用是方便用户参照其造型制作镶口及相关的首饰,在找不到合适的宝石形状时,可以使用"曲面"工具制作。

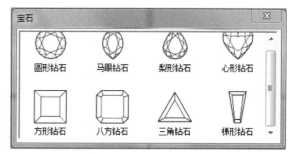

图 3-286 "宝石"对话框

示例 宝石

宝石的效果如图 3-287 所示。

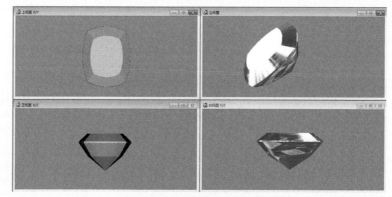

图 3-287 宝石

STEP 01

根据宝石尺寸画出宝石在上视图中的形状,根据宝石高度及比例画出其切面,切面能展示出宝石在正视图中的造型,如图3-288所示。注意:曲线转角是尖角,所以要使用"曲线"工具单击3次曲线。

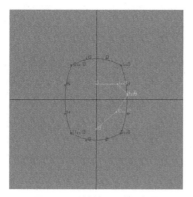

图 3-288 绘制宝石形状及切面

STEP 02

单击 按钮,弹出"导轨曲面"对话框,选中"迴圈中心""单切面"选项,设置"切面量度"为 ,单击"确定"按钮后先单击导轨线,再单击切面,结束命令,如图3-289所示。

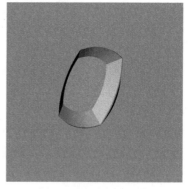

图 3-289 完成宝石的制作

注意：宝石的尺寸很重要，在制作过程中一定要保证宝石尺寸的准确性。

4. 多面体

"多面体"是修改多面体的命令，如平面多面体、光滑多面体、反转面向及延伸成实体。任何输入JewelCAD 中的实体都是多面体。

① "平面多面体"是将光滑的多面体按照网格线进行平面化的命令，如图 3-290 所示。

② "光滑多面体"是使多面体光滑的命令，如图 3-291 所示。

③ "反转面向"是将多面体外表面与内表面进行互换的命令。

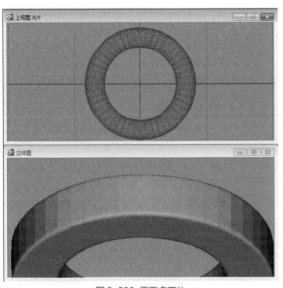

图 3-290 平面多面体

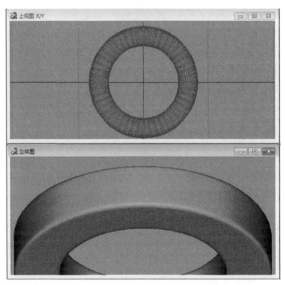

图 3-291 光滑多面体

④ "延伸成实体"是将单个多面体延伸成实体的命令。选中多面体，执行"延伸成实体"命令，弹出"延伸多面体成实体"对话框，根据延伸方向在该对话框中输入相应数值，如图 3-292 所示。单击"设定"按钮可以手动确定延伸方向及延伸距离，按住鼠标左键可进行单方向延伸，或者按住鼠标右键往任意方向延伸。确定延伸方向及延伸距离后，单击"确定"按钮结束命令，如图3-293 所示。

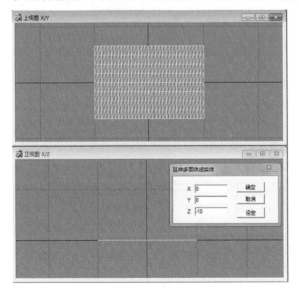

图 3-292 确定延伸方向及延伸距离

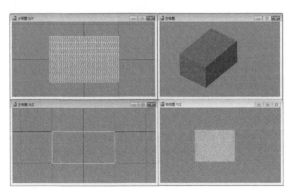

图 3-293 延伸成实体

5. 文字

"文字"命令主要用于制作立体文字，具体操作步骤如下。

STEP 01

执行"文字"命令，弹出"文字"对话框。在该对话框的文字输入区域中输入文字，选中"制作立体文字"选框，如图3-294所示。

图 3-294 "文字"对话框

STEP 02

设定字形。单击"文字"对话框中的"设定字型"按钮，弹出"字体"对话框，如图3-295所示；在该对框中选择所需的字体、字形及字号，单击"确定"按钮后，返回"文字"对话框，已设定好字形的字体效果如图3-296所示。

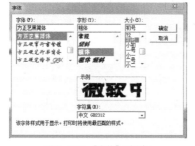

图 3-295 "字体"对话框

图 3-296 字形设定完成

STEP 03

文字成体。单击"文字"对话框中的"确定"按钮，弹出"制作块状体"对话框，如图3-297所示。在其中设定实体文字前端与后端的形状，并输入文字成体的厚度、"圆角/切角 半径"等参数值（如果将"前端""后端"设为"尖角"，则不需输入半径值），单击"确定"按钮后，文字成体的效果如图3-298所示。

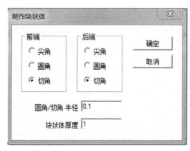

图 3-297 "制作块状体"对话框

图 3-298 文字成体

注意：如果在"文字"对话框中不选中"制作立体文字"选框，则设定字形后文字以曲线的形式出现在界面中，不会弹出"制作块状体"对话框，如图3-299所示。

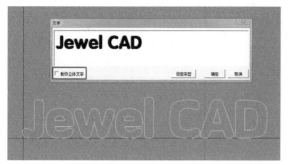

图 3-299 文字曲线

6. 辅助线

"辅助线"命令用于在界面中画出辅助线，以辅助制图。执行"辅助线"命令后，按住鼠标左键在界面中上下或左右拖动，在需要添加辅助线的位置释放鼠标左键，结束命令。选中辅助线只能使用"选取"菜单中的"选取辅助线"或"辅助线"命令。

◆ 输出相关命令

1. 存光影图

"存光影图"是把界面中的实体存储为光影图片或者线状图片的命令，图片格式为 BMP 或者 JPG。先设定好物体视图或者进入立体图，执行"存光影图"命令，弹出"存光影图"对话框，如图 3-300 所示。根据要求选择或输入相应的数值，单击"确定"按钮结束命令。

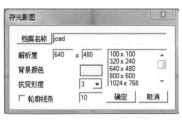

图 3-300 "存光影图"对话框

①单击"档案名称"按钮可以选择图片存储在计算机中的位置，以及存储图片的格式。

②"解析度"用于设置存储图片的像素，数值越大，像素越高。

③背景颜色的选择范围很广，单击"背景颜色"色块后会弹出"颜色"对话框，在其中可以选择色块也可以调出需要的颜色，如图 3-301 所示。

④"抗变形度"用于减少图片在存储过程中产生变形的可能，选择 3 即可。

⑤"轮廓线条"选框被选中后，存储的图片为物体的线图。其数值为轮廓线的精密度，数值越大轮廓线越精细，如图 3-302 所示。

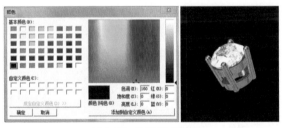

图 3-301 选择背景颜色

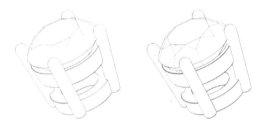

图 3-302 轮廓线精密度为 20 与 40 的区别

2. 切薄片

"切薄片"是将制作完成的 JCD 文件输出为切片文件的命令，用于制作蜡质模型。"切薄片"对话框如图 3-303 所示。

①单击"切片档案"按钮，设置切片文件的存储位置及文件名称。

②切片厚度：选择或输入数值以确定切片厚度。

③RP Machine：选择机器类型。

图 3-303 "切薄片"对话框

④进阶设定：单击该按钮后隐藏选项被激活，根据要求进行设定。

XY 解析度：设置切片文件的解析度，数值越大文件越精细。

同时输出 STL 档：选中该选框，会在生成切片文件的同时存储 STL 文档，可以选中"ASCII"或者"二元 STL"选项。

XY 自动偏移、Z 自动偏移：选中相应选框后，在生成切片文件时物体会在 x 轴、y 轴及 z 轴自动偏移到正值方向。

3. 展示薄片

"展示薄片"是将切片文件进行切片展示的命令。执行该命令,弹出"展示薄片"对话框,单击▣按钮,打开切片文件。拖动滑动条可以展示切片,单击⊐按钮将展示全部切片文件,如图 3-304 所示。

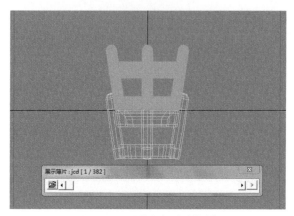

图 3-304 展示薄片(Z 自动偏移)

4. 数控加工

"数控加工"是通过设置相关选项生成加工文件以便于生产加工的命令。"数控加工"对话框如图 3-305 所示。设定好相关选项后,单击"确定"按钮,数控加工文件被保存。

①数控档案:单击"浏览"按钮可以选择数控加工文件的存储位置及名称。

②数控格式:用于选择机具类型。

③胚料位置:用于设定物体在数控加工时的坐标位置。可以手动输入坐标数值,也可以单击"设定"按钮,通过拖动蓝框来确定物体的坐标位置,单击鼠标右键回到"数控加工"对话框继续设置其他选项。

④精加工、粗加工:通过输入数值设定物体加工时的精细程度。

⑤加工:根据物体造型选择加工的精细程度,有"粗精都要""粗加工""精加工"3 种类型,根据要求选择即可。

⑥刀具:根据加工物体的造型选择合适的刀具,主要有"球底铣刀""平底铣刀""锥形铣刀"。根据选择的刀具种类,输入"刀具直径",选择"锥形铣刀"后,还需设置"刀尖半径"及"刀尖角度"。

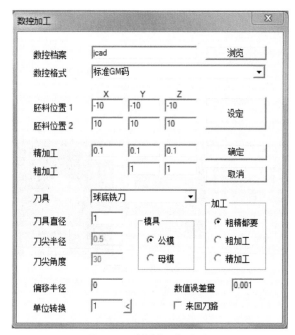

图 3-305 "数控加工"对话框

⑦模具:可选择"公模"或者"母模"。

⑧偏移半径:设定加工时的偏移数值。

⑨数值误差量:用于设定加工时允许的最大误差量。

⑩单位转换:用于将 JCD 文件中所用的单位转换为数控加工切割制作单位。

⑪来回刀路:选中该选框后,刀具工作路径为双向。

5. 数控展示

"数控展示"是展示数控文件的命令。执行该命令后,会弹出"展示数控档案"对话框,如图 3-306 所示。

①数控档案:单击"浏览"按钮选择数控文件。

图 3-306 "展示数控档案"对话框

②物件比例：用于设定数控文件与数控展示文件的比例，以及单位换算后得到的比例。

6. STL Output

"STL Output"是输出STL文件的命令，输出时可根据使用的数控机器选择"for 3-axis nc program"或者"for rotary nc program"选项。

◆ 测量相关命令

1. 测量

①重量。

"重量"是按照材质密度测量界面中实体物体重量的命令。执行该命令，弹出"测量重量"对话框，根据要求选择材质的相对密度后，单击"确定"按钮，界面中的所有实体物体将被称重并显示称重结果，如图3-307所示。

②体积。

"体积"是测量界面中物体体积的命令。执行该命令，弹出测量的体积结果，如图3-308所示。

③重心。

"重心"是测量物体重心的命令。执行该命令，即可得出界面中物体的重心坐标，如图3-309所示。

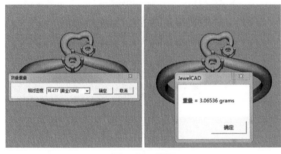
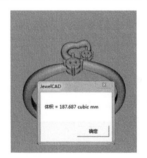

图3-307 称重　　　　　　　　　　　　　图3-308 测量体积　　　　图3-309 测量重心

2. 量度距离

"量度距离"是测量界面中物体距离的命令。执行该命令，单击要测量距离的两个点，完成距离的测量，测量结果显示在界面底部的状态栏中，如图3-310所示。注意：此处为手动测量距离，结果会有一点误差。

在JewelCAD中，"圆形"工具也经常用于测量距离，原理是使用圆形直径来确定物体间的距离，如图3-311所示。

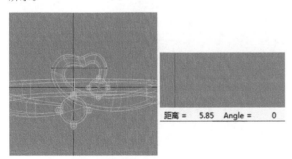
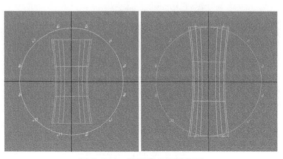

图3-310 测量距离　　　　　　　　　　　　图3-311 "圆形"工具的运用

3. 圆形宝石数量

"圆形宝石数量"是显示界面中所有圆形宝石名称、尺寸、数量的命令。执行该命令即可显示结果，如图3-312所示。

4. Ring Size（戒指尺寸）

"Ring Size"包含3种戒圈类型，美国号、英国号、欧洲号。选择戒圈类型及号码，单击"确定"按钮后会显示"圆形曲线"对话框，其中显示了所选戒圈号对应的直径值，如图3-313所示。

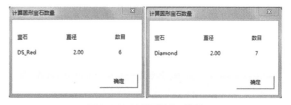

图3-312 计算圆形宝石数量

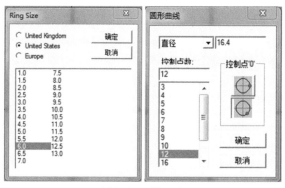

图3-313 戒指尺寸

◆ 喷蜡输出相关操作

1. 整理完成的文件

使用JewelCAD建模完成以后，进入喷蜡准备阶段。先去掉模型中的所有宝石，并检查宝石透孔是否透空。如果是较复杂的图纸，首饰模型文件中会包含一些小配件，为了保证后期制作的便利性，这些配件需要与首饰主体分开制作，分开之前要制作好分件位置。将分开的配件从首饰主体上移下来并对其进行整理，做喷蜡准备，如图3-314所示。

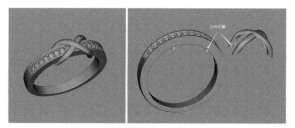

图3-314 整理完成的文件

2. 焊水口

在JewelCAD中，焊水口的主要作用是支撑及归纳小配件。如果首饰造型较大且配件分布得较稀疏，可使用水口将其加固。水口要位于光滑的金属面上，并且要减小接触面积，如图3-315所示。

如果首饰的配件较多，做喷蜡准备时用焊水口的方式将小的配件连接起来，形成一个较大的配件，防止喷蜡完成后出现因单个配件太小而丢失的情况，如图3-316所示。

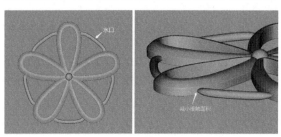

图3-315 水口加固

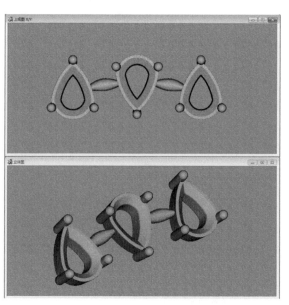

图3-316 水口连接

第 4 章

JewelCAD
软件的初步使用

CHAPTER 04

本章主要介绍首饰中一些零部件的制作方法，将软件工具的使用方法融入实际建模中介绍。

镶嵌宝石的制作

宝石的镶嵌方式多种多样，每一种镶嵌方式都有其特点，在制作时要根据其特点进行建模，以保证镶嵌宝石的牢固性。

◆ 爪镶、密钉镶

爪镶与密钉镶都使用爪扣住宝石，这里将它们放在一起介绍，便于读者理解。爪镶与密钉镶的不同之处在于爪镶是独立出现或者成排出现的；而密钉镶，顾名思义，多以大片的形式出现在首饰中。

示例 **爪镶**

爪镶使用镶爪
镶住宝石，从
而形成一个宝
石镶口，其造
型多种多样。
如图4-1所示。
从单独使用的

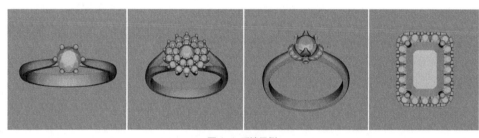

图4-1 爪镶示例

大宝石，到多个宝石聚在一起形成一定的造型，这其中爪的形状和数量、宝石碗的造型都不尽相同。所以，学习制作爪镶前要理解爪镶的造型特点，只有这样才能灵活地运用软件做出符合要求的爪镶，如图4-2和图4-3所示（以圆形宝石为例）。

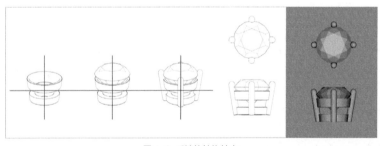

图4-2 爪镶的结构特点

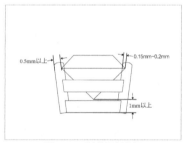

图4-3 爪镶的相关数据

STEP 01

确定宝石大小。在"杂项"菜单中执行"宝石"命令并按照所需大小调出宝石，在正视图中把宝石抬高0.5mm，如图4-4所示。

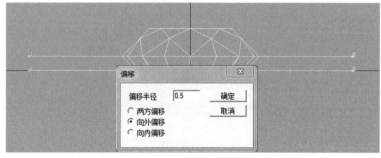

图4-4 抬高宝石

STEP 02

在右视图中，经过宝石腰部画一条大约倾斜7°的直线，然后将宝石碗的整体高度、厚度用辅助线做好标记，各个部分的尺寸需根据宝石大小来定，如图4-5所示。

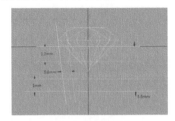

图4-5 绘制辅助线

STEP 03

在右视图中执行"任意曲线"命令，根据辅助线画出两个切面，执行"纵向环形对称曲面"命令将它们成体，完成宝石碗的制作，如图4-6所示。

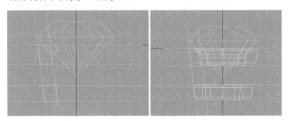

图4-6 制作宝石碗

STEP 04

在右视图中确定镶爪大小。镶爪大小根据宝石大小或者镶爪数量而定，这里使用直径为0.8mm的镶爪。先用"圆形"工具画出直径为0.8mm的圆形，将其移动至宝石的腰线上，接着执行"任意曲线"命令画出镶爪的切面，执行"纵向环形对称曲面"命令将其成体，如图4-7所示。

图4-7 制作镶爪

STEP 05

在右视图中执行"曲面/线 投影"命令，以经过宝石边缘的斜线为被投影对象，在弹出的对话框中选中"向左""加在曲线/面上"选项，以及"保持曲面切面不变"选框，单击"确定"按钮后单击被投影斜线，适当调整镶爪扣住宝石的尺寸，如图4-8所示。

图4-8 确定镶爪位置

STEP 06

在上视图中选中镶爪，执行"环形复制"命令，复制出另外3个爪，最终形成一个4爪镶的宝石镶口，如图4-9所示。
若是异形宝石，以心形宝石为例，从STEP03开始不能执行"纵向环形对称曲面"命令，而应执行"线面连接曲面"命令。
按照宝石形状、宝石碗的切面画出曲线，执行"线面连接曲面"命令将它们成体，如图4-10所示。

图4-9 完成镶爪的制作

图4-10 心形宝石镶口

爪镶的应用方式多种多样，制作方法也不固定，随着学习的深入，每个人都会总结出自己较为习惯的制作方法，本书后续的内容中会介绍更多示例。

示例 **密钉镶**

密钉镶也使用镶爪镶住宝石，它与爪镶的不同之处在于，密钉镶是一种在同一个金属面上镶嵌多个宝石的镶嵌方式，如图 4-11 所示。

其金属面有一定的厚度，一般情况下金属面会有雕刻边，且金属面的造型多种多样，平面、弧面、起伏不平的造型都有，如图 4-12 所示。

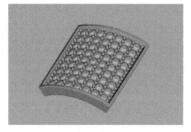

图 4-11 密钉镶

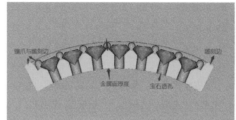

图 4-12 密钉镶的金属面

STEP 01

制作镶石面。执行"导轨曲面"命令，制作一个弧面。金属面的厚度根据宝石大小而定，这里使用直径为1.5mm的宝石，所以金属面的厚度可以设为1mm~1.2mm。雕刻边的宽度为0.5mm，这要根据实际情况而定，例如首饰外侧的雕刻边打磨部分比较多，所以可以在原尺寸的基础上加宽0.2mm左右；靠内的雕刻边打磨部分较少或者不需要打磨，使用原尺寸即可，如图4-13所示。

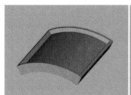
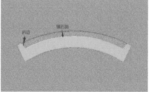

图 4-13 镶石面

STEP 03

镶石准备。镶嵌的宝石之间要有一定的间隔距离，以防在倒模后镶石面缩水导致碰石。首先，在顶视图中标记出0.1mm的宝石间隔距离，并在其中心完成镶爪的制作，如图4-15所示。

STEP 02

制作宝石镶口。调出直径为1.5mm宝石，根据宝石大小制作透孔。首先，在正视图中将宝石抬高0.1mm，根据相关尺寸画出漏斗状的透孔切面，透孔大小一般为宝石大小的一半，透孔高度要超过金属面的厚度。执行"纵向环形对称曲面"命令将其成体，再执行"布林体"子菜单中的"相减"命令，使透孔隐藏在宝石中，如图4-14所示。

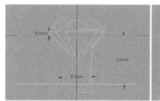

图 4-14 制作透孔

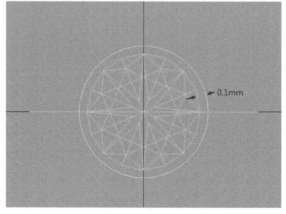

图 4-15 镶石准备

STEP 04

完成镶石。在界面中心的位置画出十字辅助线，在彩色视图下，使用"剪贴"工具从界面中心开始排石及镶爪，如图4-16所示。选中所有宝石，执行"还原布林体"命令，将所有隐藏在宝石中的透孔选中，执行"布林体"子菜单中的"相减"命令，减掉金属面，完成透孔的制作，最终完成镶石操作，如图4-17所示。

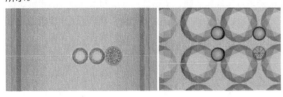

图 4-16 镶石

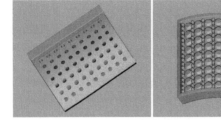

图 4-17 镶石完成

◆ 包镶、卡镶

示例 包镶

包镶也称包边镶，是使用金属边围住宝石的一种镶嵌方法，分为全包边和半包边。

STEP 01

调出直径为3mm圆形宝石，根据图4-18中的内容画出辅助线及包镶切面。

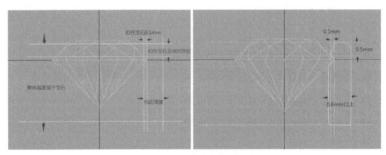

图 4-18 包镶切面

STEP 02

执行"纵向环形对称曲面"命令形成实体，完成包镶的制作，如图4-19所示。这是一个标准的包镶镶口，可以在此基础上做一定的款式设计。

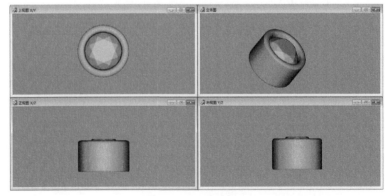

图 4-19 完成包镶的制作

以上为规则圆形的包镶制作方法，若使用异形宝石，如马眼形宝石，可以对包镶切面执行"线面连接曲面"命令进行制作，如图4-20所示。

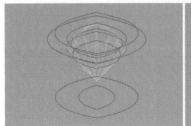
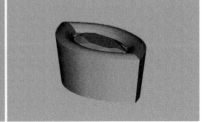

图 4-20 马眼形宝石的包镶镶口

卡镶是用宝石两侧的金属边卡住宝石腰部的一种镶嵌方式，常与爪镶搭配使用。

STEP 01

调出直径为3mm圆形宝石，根据两侧金属边扣住宝石0.1mm的要求画出辅助线，按款式要求辅助线可以有一定的斜度，也可以为直线，如图4-21所示。

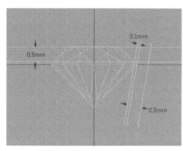

图 4-21 绘制辅助线

STEP 02

通过辅助线画出金属边的两条导轨线和切面，根据整体高度画出宝石托的导轨线和切面，执行"导轨曲面"命令形成实体，它们各自左右对称后初步形成卡镶镶口，如图4-22所示。

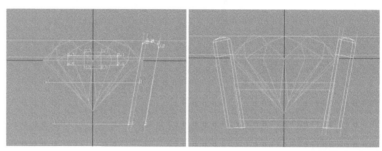

图 4-22 初步形成镶口

STEP 03

在侧视图中选中金属面，执行"梯形化"命令对其进行调整，卡镶的基本造型完成，如图4-23所示。

卡镶造型多种多样，其在扭臂戒指中的应用十分常见。不论是卡镶还是其他镶嵌方式，都不是一成不变的，它们在首饰设计师的画笔下千变万化，使首饰款式逐渐丰富。

图 4-23 完成卡镶的基本造型

◆ 轨道镶嵌

轨道镶嵌是由两条边镶住中间一排宝石，造型类似轨道的一种镶嵌方式。该镶嵌方式使用的宝石多数为梯方宝石，镶嵌后每一颗宝石都要紧密排列在一起，并且相邻两颗宝石的边一定要平行，这样才能使镶嵌的宝石更牢固、美观，如图4-24所示。

轨道镶嵌的步骤较多，先根据造型及宝石尺寸制作好两条金属边，然后确定宝石尺寸，在两条金属边之间排列宝石，在两颗宝石之间放置支撑条，完成制作。整个制作过程中有多个尺寸要求，这些尺寸要求根据工艺要求或者工艺水平而有所不同。下面示例使用的尺寸为参考尺寸。

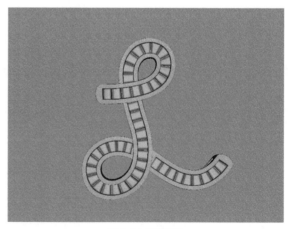

图 4-24 轨道镶嵌

示例 **轨道镶嵌**

轨道镶嵌的效果如图 4-25 所示，操作如下。

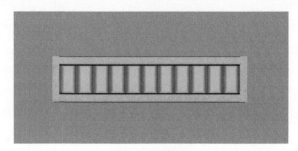

图 4-25 轨道镶嵌

（1）制作金属边。

轨道镶嵌用两条金属边扣住宝石，里侧的支撑条将两条金属边连在一起，如图 4-26 所示。

STEP 01

根据金属边的造型画出金属边的切面，高 1.6mm，上宽 0.7mm，下宽 0.8mm，如图 4-27 所示。

STEP 02

在上视图中根据整体造型及宝石尺寸画出两条金属边的导轨线，每两条导轨线之间的距离为切面宽度，如图 4-28 所示。

图 4-26 支撑条与金属边

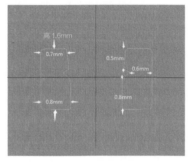

图 4-27 金属边切面形状与尺寸

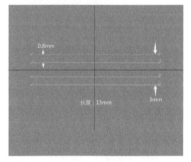

图 4-28 导轨线

注意：两条金属边之间的距离决定宝石的长度，同样，宝石的长度决定两条金属边之间的距离，也就是整个轨道镶嵌条的宽度。

STEP 03

单击 ▇ 按钮，弹出"导轨曲面"对话框，选中"双导轨""单切面"选项，设置"切面量度"为 ▇，单击"确定"按钮后单击导轨线及切面，完成金属边的制作，如图 4-29 所示。

注意：单击导轨线的次序对曲面造型有一定的影响，应观察两条金属边成体后的造型是否准确，防止出现两条金属边切面方向不一致的情况，如图 4-30 所示。

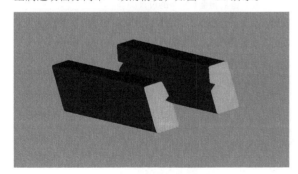

图 4-29 轨道镶嵌的金属边

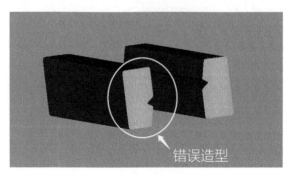

图 4-30 错误示例

（2）排石。

STEP 01

在界面中心准备宝石、支撑条。执行"杂项"菜单中的"宝石"命令，选择梯方宝石，将其长度调整为1.8mm，宽度调整为1.0mm。支撑条为梯形状，按照相关尺寸在界面中心制作支撑条，如图4-31所示。注意：支撑条的长度要大于宝石长度。

图 4-31 支撑条

STEP 02

在界面中心排石，确定支撑条与宝石的位置关系。选中宝石并复制一颗，将两颗宝石并排设置，中间稍留一点缝隙（小于0.1mm），把支撑条放在两颗宝石中间，删除复制的宝石。选中支撑条，使用"相减"工具将支撑条隐藏在宝石内，如图4-32所示。注意：宝石的腰面要在中心线上。

图 4-32 确定支撑条的位置

STEP 03

开始排石。执行"曲线"菜单中的"Restore removed curves"命令，将生成金属边的导轨线调出来并保留最外侧的两条线，绘制方形切面。用保留的两条线和方形切面制作镶石辅助面，在正视图中将其移动到金属条的镶口位置，如图4-33所示。
选中准备好的宝石，选择"剪贴"工具，在镶石辅助面上排石。注意：宝石与宝石之间的距离不要太大，宝石长度与镶口长度要相等，如图4-34所示。

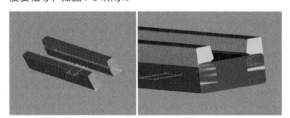

图 4-33 排石准备

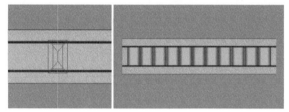

图 4-34 排石

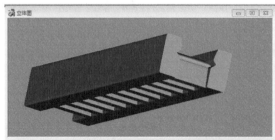

图 4-35 排列支撑条

STEP 04

还原支撑条并调整其位置。删除镶石辅助面，选中所有宝石，执行"还原布林体"命令，将隐藏的支撑条显示出来，如图4-35所示。该示例较为简单，如果遇复杂的轨道镶嵌造型，还需要适当调整支撑条的位置。
支撑条应位于两颗宝石的正中间，其底部与金属条齐平，顶部不能超过镶口部分，如图4-36所示。

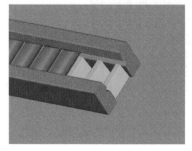

图 4-36 支撑条的位置

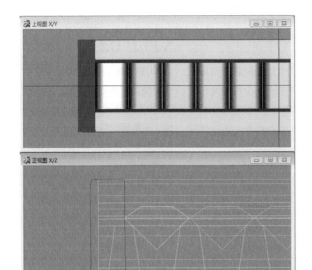

STEP 05

对两侧进行封口，完成轨道镶嵌。根据示例造型将轨道镶嵌两侧封口，注意封口处不要扣到宝石，刚好与宝石齐平即可，如图4-37所示。封口后完成轨道镶嵌，如图4-38所示。

注意：在不规则的轨道镶嵌造型中，或使用的宝石尺寸较多时，要注意确认每一种尺寸的宝石是否可用。

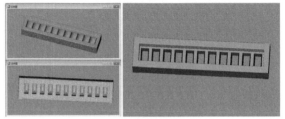

图 4-37 两侧封口   图 4-38 完成轨道镶嵌

◆ 虎爪镶嵌

虎爪镶嵌常见于镶嵌了圆形宝石的首饰中，其特点是镶爪为方形，与镶石的金属条融为一体，造型规整、美观，如图4-39所示。

虎爪镶嵌的结构比普通爪镶的结构复杂。虎爪镶的镶石条两侧有U形透空，中间部分还有U形凹槽，以便切出方形镶爪，如图4-40所示。

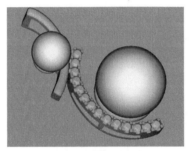

图 4-39 虎爪镶嵌珍珠吊坠

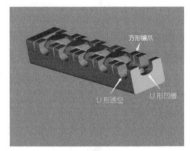

图 4-40 虎爪镶嵌的结构

示例 **虎爪镶嵌**

虎爪镶嵌的效果如图4-41所示，操作如下。

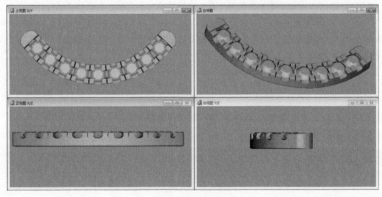

图 4-41 虎爪镶嵌

（1）制作镶石金属条。

根据示例图片绘制双导轨曲线，它们的间距为1.8mm，方形切面的高度为1.2mm；执行"导轨曲面"命令将它们成体，如图4-42所示。

（2）制作镶石部件。

STEP 01

选择直径为1.5mm的圆形宝石，在正视图中将其向下移动至台面露出横轴线0.1mm处，制作直径为0.7mm的宝石透孔，如图4-43所示。

STEP 02

制作U形透空及镶爪切口。在正视图中使用"左右对称线"工具绘制宽0.75mm、高0.65mm的U形曲线，位置高于横轴线1mm，如图4-44所示。

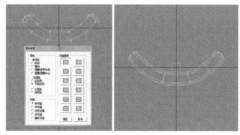

图4-42 制作镶石金属条

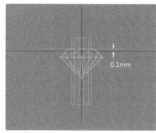

图4-43 虎爪镶嵌

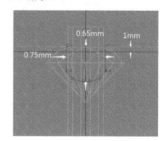

图4-44 U形曲线

在上视图中将该曲线复制3条，上中下各一条，曲线的整体长度长于镶石条宽度（1.8mm）。使用"线面连接曲面"工具将它们连接成曲面，单击中间的曲线3次，为其制作转角造型，如图4-45所示。

选中U形透空部件，展示其CV点，在侧视图中选中中间部分的CV点，将其单方向缩小，完成制作，如图4-46所示。

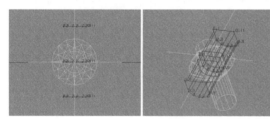

图4-45 U形透空部件

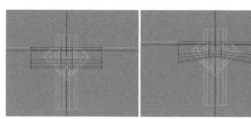

图4-46 缩小中间部分

STEP 03

制作镶爪切口。相邻的两个镶爪之间的距离为0.1mm，在正视图中复制一颗宝石，两颗宝石的间距为0.1mm。在宝石中间绘制三角形曲线，它与横轴线相交部分的宽度为0.1mm，整体高度为0.6mm，如图4-47所示。

将三角形曲线单方向移动至界面中心位置，在上视图中使用"直线延伸曲面"工具将其成体，成体后再将其移动至原来的位置，如图4-48所示。

STEP 04

删除复制的宝石，在上视图中根据宝石直径偏移1mm并绘制曲线，完成镶石部件的制作，如图4-49所示。

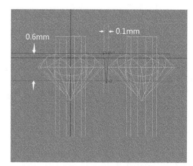

图4-47 绘制切口曲线

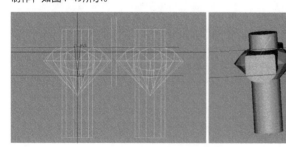

图4-48 制作切口

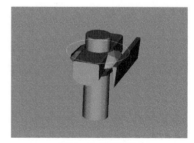

图4-49 镶石部件

（3）制作 U 形凹槽。

STEP 01

执行"曲线"菜单中的"Restore removed curves"命令，将生成镶石条的导轨线调出来并选中，使用"偏移曲线"工具将其分别向内、向外偏移0.5mm，调整曲线长度，使其长度不要超过镶石条，如图4-50所示。

STEP 02

绘制U形切面，宽度为0.8mm，高度为0.5mm，使用"导轨曲面"工具进行成体，如图4-51所示。

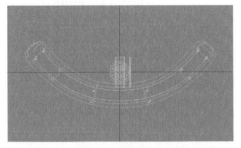

图 4-50　偏移曲线

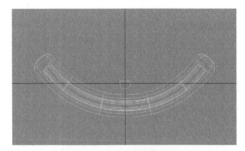

图 4-51　U 形凹槽成体

STEP 03

调整U形凹槽的位置，将其与镶石条重合0.5mm，露出0.1mm，如图4-52所示。

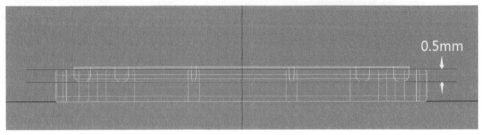

图 4-52　U 形凹槽

（4）排石。

STEP 01

将U形凹槽隐藏备用，该首饰为对称款式，可以从中间开始排石，所以沿纵轴线画一条辅助线以辅助排石。调出镶石部件，准备排石，如图4-53所示。

STEP 02

选中全部镶石部件，选择"剪贴"工具，打开彩色图模式，开始排石，如图4-54所示。由于镶石条有一定的弧度，因此每排一颗宝石都要旋转一下，旋转U形透空的边直至与镶石条平行，如图4-55所示。

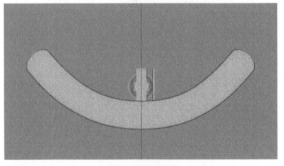

图 4-53　准备排石

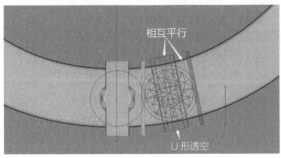

图 4-54　开始排石

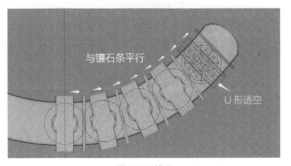

图 4-55　排石

STEP 03

排石完成后，根据每颗宝石的位置调整U形透空的大小和镶爪切口的角度。弧形镶石条内侧的U形透空需相应地缩小，而外侧的U形透空需适当放大；把镶石切口旋转一定角度，使其垂直于镶石面，并且平分两个宝石之间的镶爪，如图4-56所示。调整后，选中一侧的镶石部件，使用"左右对称复制"工具将其复制到镶石条的另外一侧。

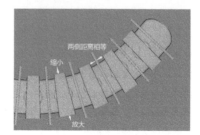

图 4-56 调整镶石部件

（5）完成虎爪镶嵌。

STEP 01

从隐藏界面中调出U形凹槽，将其两侧调整至最后一个镶石切口处，如图4-57所示。

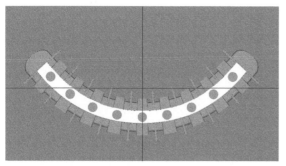

图 4-57 调整 U 形凹槽

STEP 02

选中U形凹槽、U形透空、镶石切口、宝石透孔，执行"布林体"子菜单中的"相减"命令，减掉镶石面，完成操作，如图4-58所示。

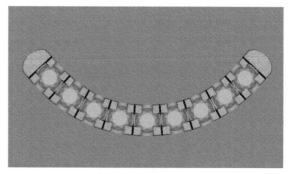

图 4-58 完成虎爪镶嵌

◆ 异形宝石的镶嵌

常见异形宝石的镶嵌方式是爪镶和包镶，应根据宝石形状选择镶嵌方式。在制作过程中，如果宝石形状较为特殊，要注意将宝石的形状准确地绘制出来，这样才能进一步进行镶嵌。

1. 爪镶异形宝石

爪镶异形宝石的效果如图 4-59 所示，操作如下。

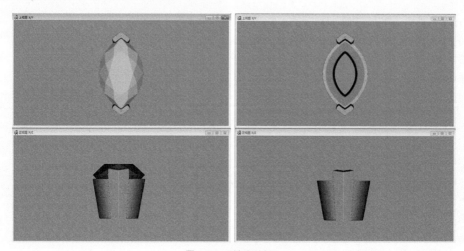

图 4-59 爪镶异形宝石

STEP 01

调出橄榄形宝石,调整其尺寸为7mm×11mm。在上视图中使用"上下左右对称线"工具沿宝石外轮廓描线,如图4-60所示。

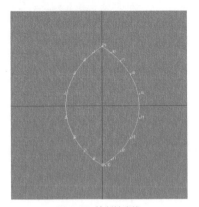

图 4-60 绘制轮廓线

STEP 02

在正视图中将宝石往上移动0.5mm,画出宝石碗的切面,测量出切面的直线宽度为1.9mm,如图4-61所示。

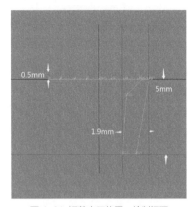

图 4-61 调整宝石位置、绘制切面

STEP 03

在正视图中选中宝石碗切面,执行"变形"菜单的"反转"子菜单中的"反上"命令,将切面反转到上视图。回到上视图,选中宝石外轮廓曲线,使用"曲线偏移"工具将其偏移1.9mm,稍微调整曲线,如图4-62所示。

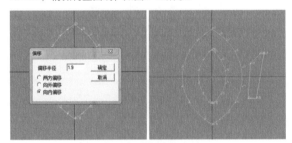

图 4-62 绘制双导轨线、切面

STEP 04

选中"不合比例"选项,选择合适的"切面量度"进行成体,单击"确定"按钮后先单击内侧导轨线,再单击外侧导轨线,最后单击切面,完成宝石碗的制作,如图4-63所示。

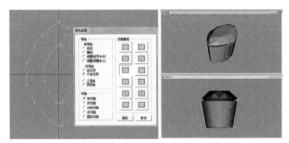

图 4-63 宝石碗成体

STEP 05

制作镶爪。在上视图中,在宝石的一端按照尖角部分的造型画出镶爪切面,并使用"变形"工具将其反转到右视图中。在右视图中,按照示例图片中的镶爪造型画出两条导轨线,如图4-64所示。

执行"导轨曲面"命令,选中"合比例"选项,选择"切面量度"为■,按照顺序单击红色导轨线、蓝色导轨线、切面,完成镶爪的制作,如图4-65所示。

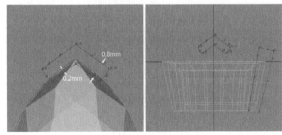

图 4-64 绘制镶爪导轨线、切面

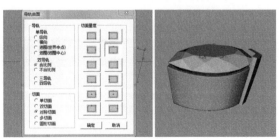

图 4-65 制作镶爪

STEP 06

在上视图中检查镶爪是否扣住宝石0.1mm~0.2mm，然后使用"对称复制"工具复制出宝石另一端的镶爪，完成爪镶异形宝石的制作，如图4-66所示。

图 4-66 爪镶异形宝石

2. 包镶异形宝石

包镶异形宝石的效果如图 4-67 所示，操作如下。

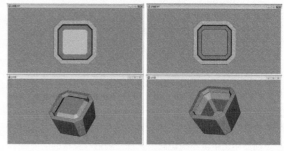

图 4-67 包镶异形宝石

STEP 01

调出八方钻石，将其整体放大至6mm。在正视图中，在宝石一侧根据相关尺寸绘制包碗切面，如图4-68所示。

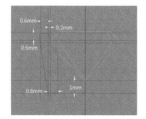

图 4-68 包碗切面

STEP 02

选中切面，使用"变形"工具将其反转到上视图中。根据切面位置及尺寸，按照宝石造型绘制包碗导轨线，如图4-69所示。注意：双导轨线的位置及间距要与切面对正。

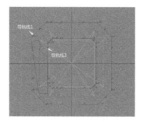

图 4-69 包碗导轨线

STEP 03

选中"不合比例"选项，设置"切面量度"为 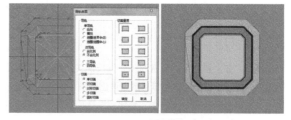，按照顺序单击导轨线1、导轨线2、切面，完成包碗的制作，如图4-70所示。

图 4-70 包碗成体

回到正视图中，进入详细线图模式，根据宝石位置将包碗镶口与宝石腰部对正，完成包镶异形宝石的制作，如图 4-71 所示。

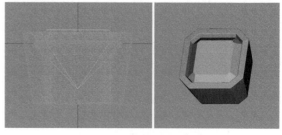

图 4-71 完成包镶异形宝石的制作

其他零部件

制作首饰时除了要掌握其主体的制作方法外，一些零部件、细节部分的制作方法也需要掌握，如耳扣、吊坠扣等零部件，掏底、分件等细节部分。

◆ 吊坠扣的制作

吊坠扣是吊坠中的主要配件，随着吊坠主体款式的变化而变得多种多样。就瓜子扣这一类造型来说，因吊坠主体款式不同而变化出的款式就已数不胜数。

1. 瓜子扣

示例1 瓜子扣的效果如图4-72所示，操作如下。

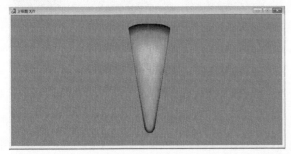

图4-72 瓜子扣

STEP 01

在右视图中使用"圆形"工具绘制直径为3mm和8mm的圆形曲线，用于辅助绘制吊坠扣。将直径为8mm的圆形曲线偏移1.0mm（吊坠扣厚度）作为辅助曲线，并绘制出吊坠扣内圈的导轨线，如图4-73所示。

STEP 02

选中导轨线并将其往外侧偏移1mm，对左侧部分稍做调整，形成双导轨线，绘制弧形切面，如图4-74所示。

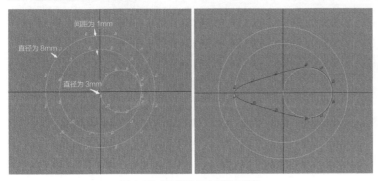

图4-73 绘制吊坠扣内圈的导轨线

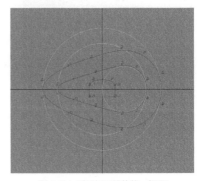

图4-74 瓜子扣双导轨线、切面

STEP 03

执行"导轨曲面"命令，选中"合比例"选项，选择"切面量度"为 ，按照顺序单击外侧曲线、内侧曲线，最后单击切面，完成成体操作，如图4-75所示。

STEP 04

在上视图中，根据图4-72所示的款式，使用"梯形化"工具将其梯形化，完成瓜子扣的制作，如图4-76所示。

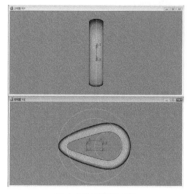

图 4-75 瓜子扣成体

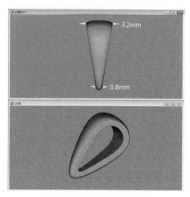

图 4-76 完成瓜子扣的制作

示例 2　瓜子扣的效果如图 4-77 所示，操作如下。

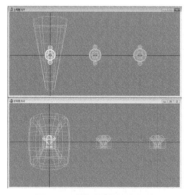

图 4-77 瓜子扣

STEP 01

制作一枚瓜子扣，其上宽3.8mm，下宽1mm。制作爪镶宝石碗，宝石尺寸分别为1.2mm、1.4mm、1.6mm，镶爪直径为0.5mm，如图4-78所示。

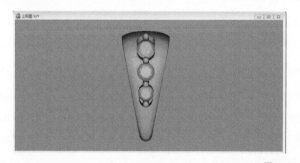

图 4-78 制作瓜子扣和宝石碗

STEP 02

在瓜子扣的一侧描线并将曲线往内侧偏移0.6mm。选中尺寸为1.2mm的宝石碗，使用"剪贴"工具将其粘贴在瓜子扣上的相应位置，如图4-79所示。

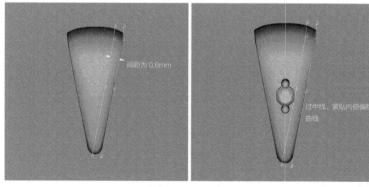

图 4-79 粘贴宝石碗

STEP 03

去掉尺寸为1.4mm、1.6mm的宝石碗下方的镶爪，将它们移动到界面中心后使用"剪贴"工具沿着尺寸为1.2mm的宝石碗对它们进行粘贴，两个宝石碗的间距为0.4mm，然后调整镶爪的斜度，如图4-80所示。

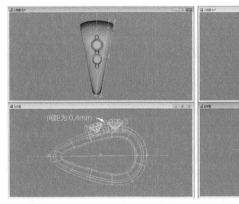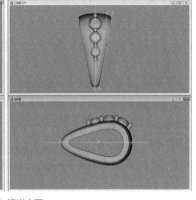

图 4-80 镶嵌宝石

STEP 04

制作透空。在上视图中，在瓜子扣上沿宝石的边缘描线，在右视图中使用"直线延伸曲面"工具将其成体并调整其斜度，执行"布林体"子菜单中的"相减"命令，减掉与瓜子扣重合的部分，完成宝石瓜子扣的制作，如图4-81和图4-82所示。

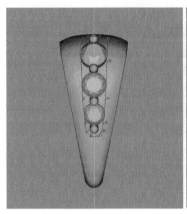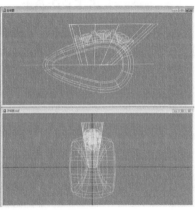

图 4-81 制作透空　　　　　　　　　　图 4-82 完成宝石瓜子扣的制作

制作较复杂的吊坠扣时，要注意细节部分的处理，如宝石镶口底部不能参差不齐，如图 4-83 所示。

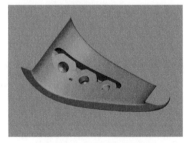

2. 星形吊坠扣

图 4-83 细节部分的处理

星形吊坠扣的效果如图 4-84 所示，操作如下。

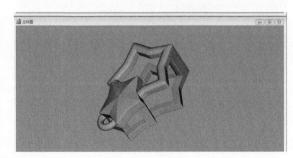

图 4-84 星形吊坠扣

STEP 01

图4-84中的吊坠扣由两个星形组成，一个为空心，可用"双导轨"命令制作；另一个为实心，可用"单导轨"命令制作。根据分析在上视图中绘制导轨线、切面，双导轨切面的高度为1mm，单导轨切面的高度为1.5mm，如图4-85所示。

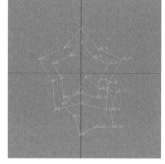

图 4-85 导轨线、切面

STEP 02

分别使用"双导轨"命令和"单导轨"命令将两个星形成体，在右视图中调整两个星形的层次差，如图4-86所示。

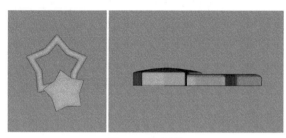

图 4-86 星形成体

STEP 03

在右视图中选中两个星形，使用"单向弯曲"工具将它们稍稍弯曲，然后使用"旋转"工具将它们沿逆时针方向旋转，使它们有一定的斜度，如图4-87所示。

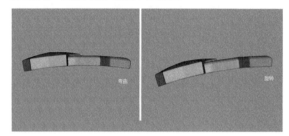

图 4-87 弯曲并旋转

STEP 04

在下视图中，沿曲面外侧描线并将曲线偏移0.8mm，形成双导轨线，绘制方形切面，边长为0.8mm。执行"双导轨"命令成体，如图4-88所示。

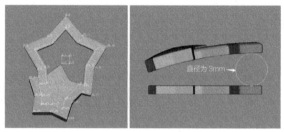

图 4-88 成体

STEP 05

使用支撑条连接上下两层，最上方的支撑条用来穿链绳，制作时宽度可以大一些，将穿链绳的空隙宽度控制在5mm以上。在设定好的位置绘制切面，执行"直线延伸曲面"命令将支撑条成体，如图4-89所示。

注意：支撑条用于连接吊坠扣的上下两层，其与上下两层之间的连接处要平整顺滑，不能有层次差，如图4-90所示。

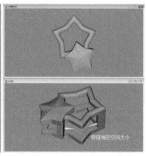

图 4-89 制作支撑条

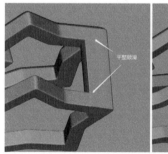
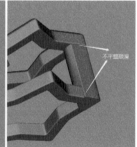

图 4-90 制作支撑条的注意事项

◆ 掏底

　　掏底工艺在珠宝首饰的制作中较为常见，具体操作是在实体外部留出一定厚度，再对其内容进行掏空；主要作用是减轻首饰重量，尤其是贵金属首饰，掏底后可减轻重量，从而降低重量对价格、市场的影响。掏底尺寸一般根据材质、物体大小及相关要求而定。

1. 戒指掏底

STEP 01

按照图4-91所示内容制作戒指，戒圈内径为18mm。

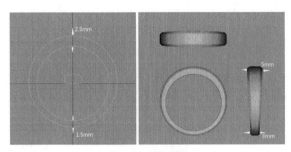

图 4-91　制作戒指

STEP 02

在正视图中，调出戒指的外轮廓线并将其偏移0.8mm，即掏底后戒指所留厚度。选中戒指并原地复制一个作为掏底相减物体，将复制的戒指整体缩小至偏移线处，如图4-92所示。

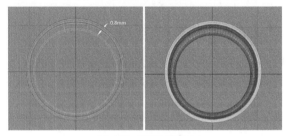

图 4-92　偏移外轮廓线

STEP 03

在右视图中，沿戒指一侧的轮廓描线并将轮廓线偏移0.8mm，选中相减物体，使用"尺寸"工具将其单方向（左右）缩小至偏移线处，如图4-93所示。

沿戒指上端的外轮廓描线，并将轮廓线偏移0.8mm，调整掏底物体使之与偏移线重合。注意调整时不能只调整一个部分，要选中整组CV点进行调整，如图4-94所示。

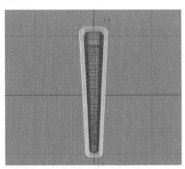

图 4-93　偏移轮廓线

图 4-94　局部调整

STEP 04

戒指底部较薄，所以不用掏底。在正视图中选中掏底物体底部的4组CV点，将它们向上移动。选中掏底物体，执行"布林体"子菜单中的"相减"命令，减掉戒指，完成掏底，如图4-95所示。

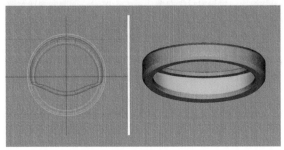

图 4-95　完成掏底

STEP 05

检查掏底。制作一个大于戒指的矩形实体，选中实体并执行"超减物体"命令，移动并旋转矩形物体使其垂直于要检查的位置，在彩色视图下检查切面厚度是否准确，如图4-96所示。

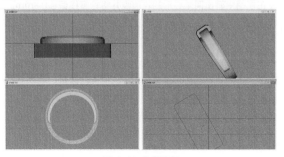

图 4-96　检查掏底

2. 心形掏底

心形掏底的效果如图 4-97 所示，操作如下。

 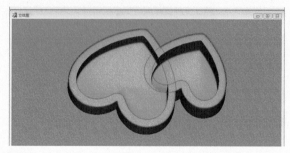

图 4-97 心形掏底

STEP 01

分析示例图片中的造型，在上视图中绘制导轨线和切面。两个心形都在界面中心处成体，所以将两个心形的导轨线都绘制在界面中心，如图4-98所示。

STEP 02

执行"单导轨"命令将两个心形分别成体，根据图4-97所示的造型移动心形位置，让它们在正视图中形成层次差，如图4-99所示。

STEP 03

制作掏底物体。在上视图中，调出两个心形的轮廓线并将它们往内侧偏移0.8mm，选中两个心形并进行原地复制，将复制的心形缩小至偏移线处。心形属于异形，缩小后不能与偏移线完全重合，因此需要显示其CV点以便做进一步调整，如图4-100所示。

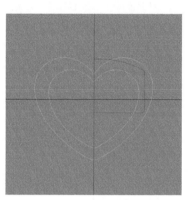

图 4-98 导轨线、切面

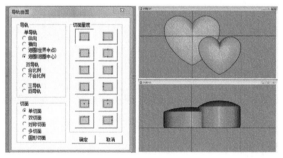

图 4-99 心形成体

图 4-100 制作掏底物体

STEP 04

在正视图中画出两个心形的轮廓线并将轮廓线偏移0.8mm。选中掏底物体，将其进行单方向（上下）缩小，使掏底物体与偏移线重合，如图4-101所示。

STEP 05

掏底。执行"布林体"命令将两个心形进行联集。选中两个掏底物体，执行"布林体"子菜单中的"相减"命令，减掉联集中的心形，完成掏底，如图4-102所示。

STEP 06

检查掏底。心形及一些异形造型掏底完成后一定要检查，防止出现边缘尺寸准确、内部尺寸不准确的情况。制作一个矩形物体作为超减物体，使其垂直于检查的部分，在彩色视图下检查掏底的准确性，如图4-103所示。为了便于检查掏底，可以更改超减物体的材质颜色。

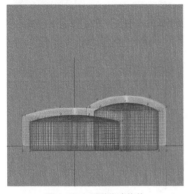

图 4-101 调整掏底物体

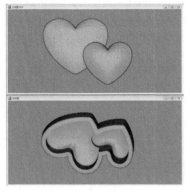

图 4-102 完成掏底

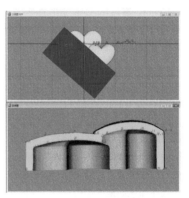

图 4-103 检查掏底

◆ 首饰连接部分的制作

首饰中活动部分的连接方式应根据其功能而定。如吊坠扣与吊坠之间的活动量较大，它们之间多为较松散的环扣；而套链中的活动部分虽然多，但每个活动部分都不需要太大的活动量，所以它的连接都较为紧密，如图 4-104 所示。

图 4-104 连接类型

示例 **项链连接段**

项链连接段的效果如图 4-105 所示，操作如下。

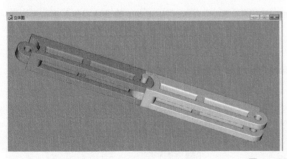
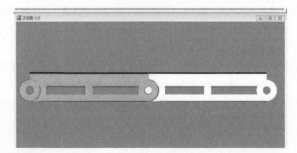

图 4-105 项链连接段

STEP 01

制作项链连接段的造型。该示例中的连接段为普通的长条状，多见于项链后半部分的连接造型。制作宽2mm、长10mm、高1.2mm的长方形曲面，其切面为弧面，制作双层曲面，使整体高度为2.4mm，如图4-106所示。

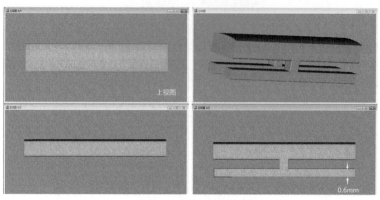

图 4-106 制作连接段造型

STEP 02

制作连接段一侧的活动部分。在正视图中制作环状曲面，外径为1.8mm、内径为0.6mm、厚度为0.8mm。将该环状曲面移动至连接段左侧，使环状曲面的中间部分与连接段左侧对齐，在上视图中，环状曲面位于连接段的中间，如图4-107所示。

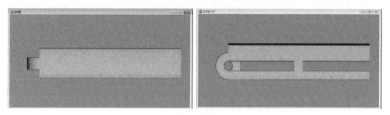

图 4-107 制作左侧活动部分

在正视图中，沿着环状曲面的外径描线并在上视图中将其成体，将其移动至环状曲面一侧后进行上下对称复制，将与其重合的连接段减掉，如图 4-108 所示。

按照减出的弧形，使用曲面将空隙处堵上，完成一侧活动连接的制作，如图 4-109 所示。

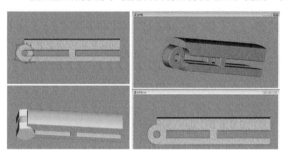

图 4-108 成体并复制

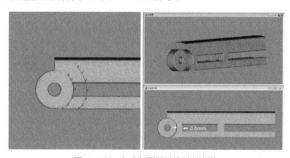

图 4-109 完成左侧活动连接的制作

STEP 03

制作另一侧的活动部分。在正视图中制作环状曲面，外径为1.8mm、内径为0.6mm、厚度为0.6mm。将该环状曲面移动至连接段右侧，在上视图中将该环状曲面移动到连接段的最上面并对齐，对其进行上下对称复制，它们之间的距离为另外一侧环状曲面的宽度，如图4-110所示。

在正视图中绘制直径为1.8mm的圆形并在上视图成体，将其移动至两个环形曲面的中间，执行"布林体"子菜单中的"相减"命令，减掉其与连接段重合的部分，如图4-111所示。

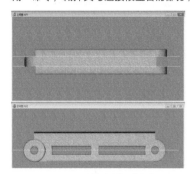

图 4-110 制作右侧活动部分

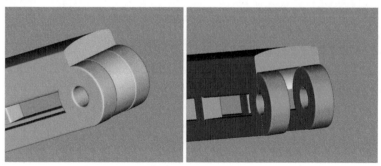

图 4-111 相减

STEP 04

制作完成后，复制一段并将它们连接起来，检查连接关系是否正确，如图4-112所示。

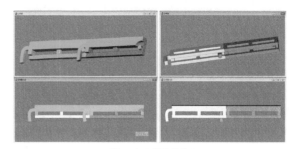

图 4-112 检查连接

示例 活动连接段

活动连接段的效果如图 4-113 所示，操作如下。

图 4-113 活动连接段

该示例与上一个示例的连接方式相似，工作时应根据项链款式选择合适的连接方式。

STEP 01

制作活动连接段的造型。制作宽2mm、长10mm、高1.2mm的长方形曲面，其切面为弧面，制作双层曲面，使整体高度为2.4mm，如图4-114所示。

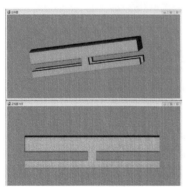

图 4-114 制作连接段造型

STEP 02

制作连接段一侧的活动部分。在正视图中分别绘制直径为1.8mm、0.6mm的圆形曲线作为辅助线，并将它们移动至连接段左侧，沿着圆形的顶部画出连接钩的导轨线，如图4-115所示。

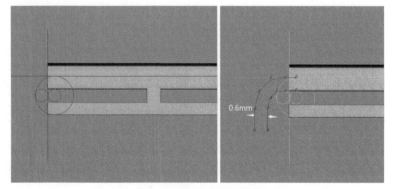

图 4-115 绘制连接钩的导轨线

绘制边长为 0.8mm 的方形切面，执行"双导轨"命令使连接钩成体，如图 4-116 所示。

在正视图中，在左侧连接钩底部留出高 0.6mm（连接钩的厚度）的空隙，其余部分使用宽度为 0.6mm 的曲面堵住，完成一侧的连接，如图 4-117 所示。

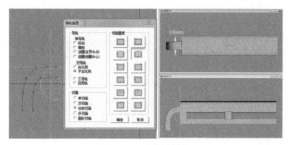

图 4-116 制作连接钩

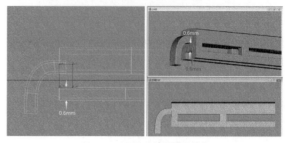

图 4-117 制作连接段活动部分

STEP 03

制作另一侧的活动部分。在正视图中，将连接段右侧的上下两层使用宽0.6mm的方形支撑条连接起来，在右视图中进行左右对称复制，如图4-118所示。

在正视图中，绘制直径为0.6mm圆形，在上视图中将其延伸成体。在正视图中将圆形曲面移动至右侧，距离底部0.6mm（左侧连接钩的厚度），如图4-119所示。

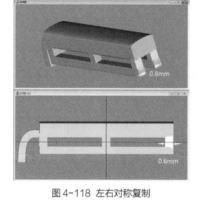

图 4-118 左右对称复制

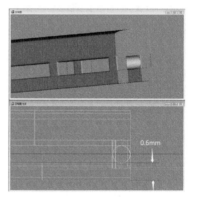

图 4-119 制作右侧活动部分

在正视图中，在直径为 0.6mm 的圆柱处画出直径为 1.8mm 同心圆，作为连接钩的插入路径。根据该路径绘制切面，在上视图中将其延伸成体，延伸尺寸为 0.8mm（连接钩的宽度），执行"布林体"子菜单中的"相减"命令，减掉连接段，完成右侧活动连接的制作，如图 4-120 所示。

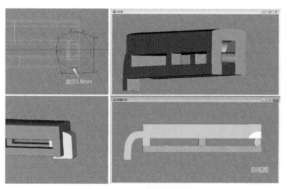

图 4-120 完成右侧活动连接的制作

STEP 04

制作完成后，复制一段并将它们连接起来，检查连接关系是否正确，如图4-121所示。

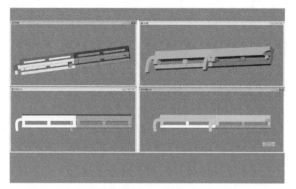

图 4-121 检查连接

◆ 耳扣的制作

耳饰多种多样，常见的有耳针、耳圈、耳钩，以及耳拍等。耳针、耳钩大部分可用成品制作，耳圈和耳拍由于款式多变，大部分需要单独制作。

1. 耳圈

耳圈的效果如图 4-122 所示，操作如下。

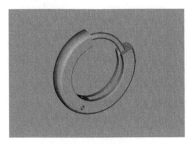

图 4-122 耳圈

STEP 01

在右视图中，使用"圆形"工具绘制直径为 8mm 的圆形作为耳圈内径，如图 4-123 所示，在圆形右侧确定耳圈开口尺寸为 5mm。

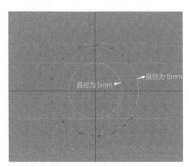

图 4-123 耳圈内径曲线

STEP 02

选中内径曲线，使用"偏移曲线"工具将其往外侧偏移 2mm，然后确定耳圈的活动位置。如果是素金普通耳圈，活动位置在中间即可；如果有坠饰或者前半圈有造型，活动位置可以在中间靠后的位置，如图4-124所示。

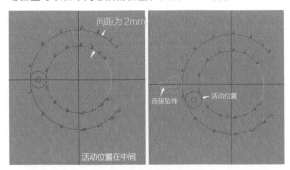

图 4-124 确定活动位置

STEP 03

选定活动位置后，按照前后部分分开绘制导轨线，其切面为弧面，执行"双导轨"命令将前后部分各自成体，如图 4-125所示。

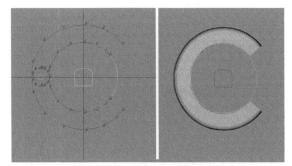

图 4-125 将前后部分各自成体

STEP 04

制作活动部分。在右视图的详细线图模式下，沿后半部分耳圈的活动处描线，在正视图中执行"直线延伸曲面"命令进行成体，将其对称复制后在中间留0.8mm的间距，如图4-126所示。

将这两个物体选中，执行"布林体"子菜单中的"相减"命令，减掉前半部分耳圈，如图4-127所示。

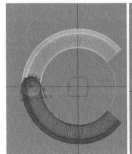
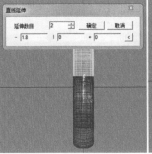
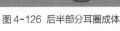

图 4-126 后半部分耳圈成体

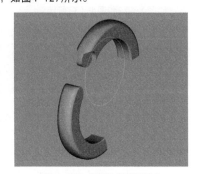

图 4-127 将两部分耳圈相减

STEP 05

回到右视图的详细线图模式下，沿前半部分耳圈的活动处描线，在正视图中执行"直线延伸曲面"命令进行成体，延伸距离为0.8mm，如图4-128所示。将前半部分耳圈移动至中间部分，执行"布林体"子菜单中的"相减"命令，减掉后半部分耳圈，如图4-129所示。

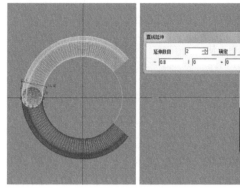
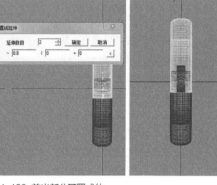

图 4-128 前半部分耳圈成体

图 4-129 将两部分耳圈相减

STEP 06

制作活动轴心。在右视图中，使用"圆形"工具分别绘制直径为2mm、0.6mm的圆形曲线，将它们移动至耳圈活动部分，直径为2mm的圆形曲线用于辅助确定活动中心。选中直径为0.6mm的圆形曲线，在正视图中执行"直线延伸曲面"命令进行成体，如图4-130所示。

选中轴心并原地复制一个，执行"布林体"子菜单中的"相减"命令，分别减掉前后部分的耳圈，完成耳圈活动部分的制作，如图4-131所示。

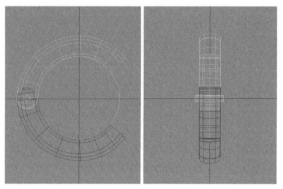

图 4-130 制作活动部分

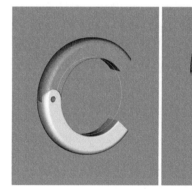

图 4-131 耳圈活动部分

STEP 07

为耳圈掏底。按照0.6mm的掏底厚度制作掏底物体，在右视图中，从耳圈的活动轴心处偏移0.6mm以确定掏底一端的大小，如图4-132和图4-133所示。

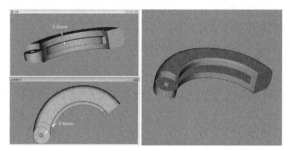

图 4-132 前半部分掏底

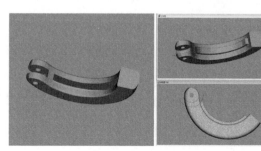

图 4-133 后半部分掏底

STEP 08

绘制耳针部分。耳针多在后期制作时焊接到耳圈上，在建模时只需定好其位置。在后半部分耳圈的开口处，使用直径为0.8mm的圆柱减出耳针卡位，完成耳圈的制作，如图4-134所示。

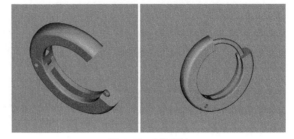

图 4-134 制作耳针

2. 耳拍

制作耳拍款耳饰的重点是活动部分的弹力，若弹力不到位，耳拍便不能紧扣耳部。

耳拍的效果如图 4-135 所示，操作如下。

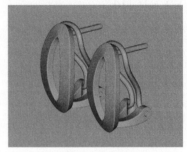

图 4-135 耳拍

STEP 01

制作耳饰造型。在上视图中按照相关尺寸绘制椭圆形曲面，在右视图中将其沿单方向稍稍弯曲，如图4-136所示。

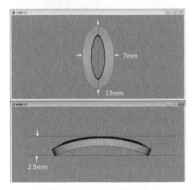

图 4-136 制作耳饰主体

在正视图中往一侧移动并对称复制圆轴，使两个圆轴的间距为2mm，按照相关尺寸移动耳拍主体，如图 4-138 所示。

STEP 02

制作销轴。在右视图中分别绘制直径为2mm、0.8mm的圆形，以及边长为1.5mm的方形切面，执行"双导轨"命令进行成体，如图4-137所示。

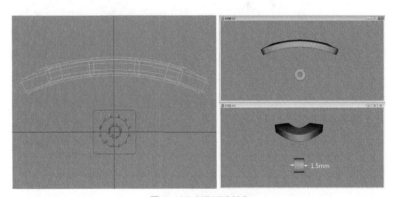

图 4-137 制作活动部分

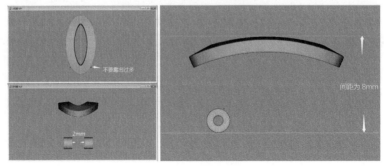

图 4-138 连接活动部分

STEP 03

绘制双导轨线并将其与活动部分连接起来，绘制边长为1.5mm的方形切面，执行"双导轨"命令进行成体。在正视图中，将连接部分与圆轴对齐并显示其CV点，将圆轴与活动部分的连接处往内侧调整，使其过渡自然，然后对称复制物体，如图4-139所示。

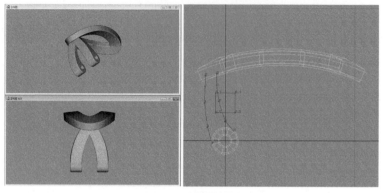

图 4-139 调整连接部分

STEP 04

制作弹力装置。在正视图中绘制椭圆形，在右视图中执行"直线延伸曲面"命令进行成体。对活动部分进行联集处理，选中椭圆形，执行"布林体"子菜单中的"相减"命令，减掉活动部分，如图4-140所示。

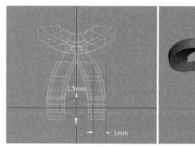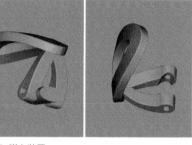

图 4-140 弹力装置

STEP 05

制作耳拍。在上视图中使用"左右对称线"工具按照耳拍的造型画线，在右视图中调整耳拍曲线，然后执行"管状曲面"命令，设置"直径"为0.8mm，进行成体，如图4-141所示。

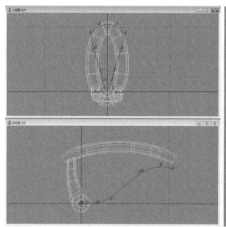

图 4-141 制作耳拍

在右视图中制作耳针，其直径为 0.8mm，完成耳拍的制作，如图 4-142 所示。

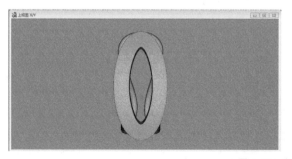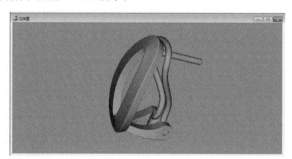

图 4-142 完成耳拍的制作

◆ 分件定位

分件是将一个首饰分成几个部分单独制作、输出，最后进行组装的一种制作方法。分件经常被用于制作款式较为特殊或者复杂的首饰，主要为后期金属工艺的顺利实施做准备，确保首饰工艺制作精良。为了保证后期组装的便利性、准确性，需要进行分件定位，分件定位的方式根据分件的位置而定。

根据图4-143可知，戒指主石两侧与戒臂之间的距离较小，在后期制作中不便打磨，若将主石从戒臂上分离下来，这个问题就可迎刃而解。在制作分件时要注意以下两个方面。

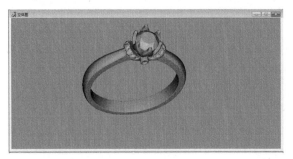

图 4-143 宝石戒指

①分件与主体要贴合，不能重合。确定分件时，主石宝石碗的底部与戒臂处的造型若不能贴合，在后期组装时会出现位置不准确的问题，也会导致整体造型与图纸不符；如果二者有重合部分，则需要进行调整以保证组装后整体造型的美观性及尺寸的准确性，如图4-144所示。

图 4-144 分件部分展示

②分件定位的制作。分件定位的制作一般有插针（圆针、方针）、卡扣等方式，其中插针为常用方式。主石宝石碗与戒臂接触部分较小，定位范围较小，此处可以使用插方针的方式，如图4-145所示。注意：分件定位不仅要位置准确，还要确保不影响首饰整体的美观性。

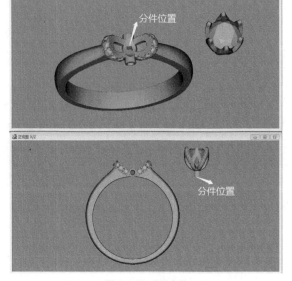

图 4-145 分件定位

第 5 章

素面戒指

CHAPTER 05

本章主要介绍素面戒指的制作方法及注意事项，正式进入软件运用的初步阶段。读者可以在学习制作戒指的同时，进一步加深对软件功能的认识。

戒指的主要结构特点

戒指主要包括戒圈、戒臂、戒面3部分，根据具体款式可以对其进行进一步细分，如底片、戒肩、通花等，如图5-1所示。

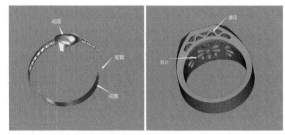

图 5-1 戒指的结构

◆ 戒圈

戒圈是指戒指的围圈大小，由指圈，即手指粗细决定。戒圈大小因人而异，使用指圈测量环可得出较精确的戒圈号码，根据戒圈号码表中对应的直径绘制戒圈。我国经常使用的戒圈号码为港号，如图5-2所示。

戒圈号	直径	周长	说明
7	14.4	45	
8	14.8	46	女戒小码
9	15.1	47	
10	15.4	49	
11	15.8	50	
12	16.1	51	女戒常用码
13	16.5	53	
14	16.9	54	
15	17.2	55	
16	17.6	57	女戒大码、男戒小码
17	18	58	
18	18.4	59	
19	18.9	61	
20	19.2	62	男戒常用码
21	19.6	63	
22	19.9	64	
23	20.3	66	
24	20.7	68	男戒大码
25	21	70	

图 5-2 戒圈号码表（港号）

◆ 封底

较大的戒指，尤其是戒面较宽的戒指，掏底后对应的戒圈处会产生较大的空隙，既不美观，佩戴起来也不舒适。为其制作封底后，既能减轻重量，也能增强其佩戴的舒适性。封底的样式较多，一般以通花的样式为主，如图5-4所示。

◆ 戒臂

戒臂的种类多样，常见的有直臂、Y形、S形、倒梯形等。戒臂的款式主要根据戒面款式而定，如戒面较宽可以使用倒梯形或者Y形等上宽下窄的戒臂，戒面较窄则可以使用直臂或者S形戒臂，如图5-3所示。

图 5-3 戒臂款式

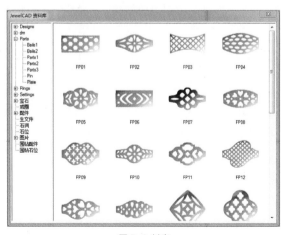

图 5-4 封底

双导轨戒指（双切面）

1. 分析戒指造型

图 5-5 所示的戒指为左右对称造型，戒面部分开口，戒指整体的切面为弧形切面。从单侧造型来看，该戒指在戒面部分对称并过渡到戒指底部合成一体，切面在过渡过程中也有变化，如图 5-6 所示。

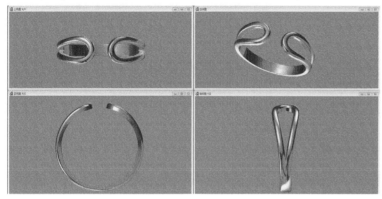

图 5-5 双导轨（双切面）戒指

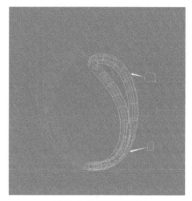

图 5-6 分析戒指造型

2. 制作步骤

STEP 01

在正视图中绘制戒指，其内径为18mm，外径为21mm。将外径向上移动0.3mm，使戒指底部厚度为1.2mm，戒面高度为1.8mm，如图5-7所示。

STEP 02

在右视图中绘制导轨线。使用"圆形"工具按照戒指的尺寸绘制圆形作为辅助图形，根据戒指造型及设定好的尺寸绘制一条导轨线，并将曲线向外侧偏移1.5mm作为第二条导轨线，如图5-8所示。

图 5-7 戒指内径、外径

图 5-8 绘制双导轨线

回到正视图中，选中两条导轨线，使用"曲面/线 投影"工具将导轨线投影到戒圈内径上并将它们的间距调整一致，如图 5-9 所示。

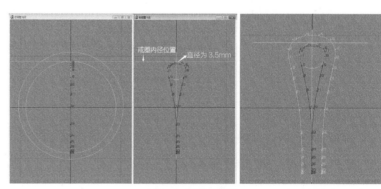

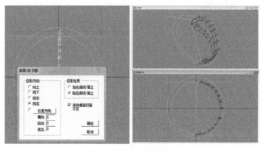

图 5-9 调整导轨线

STEP 03

在右视图中根据戒指造型绘制双切面，切面高度为1.5mm，注意两个切面的CV点数量及位置要一致。执行"导轨曲面"命令，选中"不合比例""对称切面"选项，设置"切面量度"为 □，如图5-10所示。

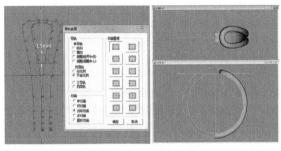

图 5-10 "导轨曲面"对话框

STEP 04

调整戒指造型。在正视图中，根据戒指的外轮廓线调整戒指造型。选中戒指曲面，进行左右对称复制，完成双导轨戒指的制作，如图5-11所示。

注意：制作戒指的时候，戒圈要一直位于戒面中心，不要随意移动。

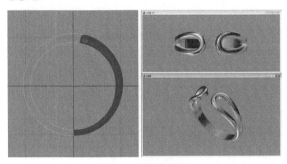

图 5-11 调整戒指造型

三导轨男士戒指

1. 分析戒指造型

图 5-12 所示的戒指为男士单戒，其整体造型较为方正。戒面为倒角方形，戒臂侧面为倒梯形。本例使用"三导轨曲面"工具设置戒指的外轮廓造型，对切面上的CV点进行特殊设置以实现细节部分的处理。

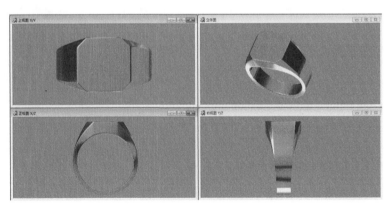

图 5-12 男士戒指

2. 制作步骤

STEP 01

绘制三导轨线。在正视图中使用"圆形"工具绘制戒指戒圈曲线，直径为21mm。选中戒圈曲线，使用"偏移曲线"工具将其往外侧偏移1.5mm，作为戒指外侧导轨线。戒面高度为4.2mm，戒面宽度为13mm，分别绘制直径为4.2mm、13mm的圆形作为戒面高度、宽度的参考线放在戒圈曲线顶部。使用"左右对称线"工具根据戒指戒面的高度、宽度修改外侧导轨线，如图5-13所示。

根据外侧导轨线上CV点的数量及分布，在戒圈曲线上添加CV点，添加前先原地复制一条戒圈曲线，防止添加CV点后戒圈变形，如图5-14所示。

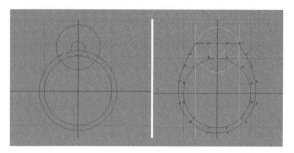

图 5-13 绘制导轨线

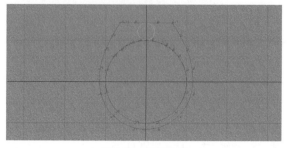

图 5-14 修改导轨线

在右视图中，戒面宽度为 13mm，戒底宽度为 5mm，根据相关尺寸绘制戒指两侧的轮廓线。选中戒圈，使用"曲面／线 投影"工具将其投影在侧面轮廓线上，并进行左右对称复制，如图 5-15 所示。

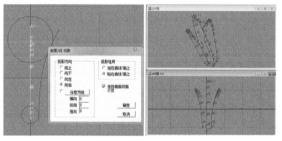

图 5-15 完成三导轨线的绘制

执行"导轨曲面"命令，选中"三导轨""单切面"选项，设置"切面量度"为 ▦，进行成体，如图 5-17 所示。

STEP 02

绘制切面后成体。分析该戒指的切面可以看出，切面以长方形为主，戒肩处的切角可以通过调整CV点来制作，这就需要在切面上的合适位置添加CV点，如图 5-16所示。

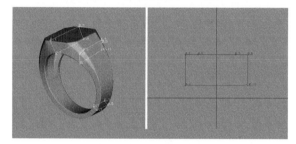

图 5-16 绘制切面

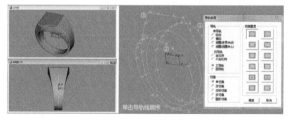

图 5-17 三导轨成体

STEP 03

调整戒面造型。在上视图中，使用直径为13mm的圆形作为调整戒面尺寸的参考图形。选中戒面4个角处的CV点，使用"尺寸"工具沿上下方向将其放大至13mm，如图5-18所示。

在上视图中绘制直径为8.5mm的圆形，按照圆形大小使用直线标出戒面切角的大小。选中4个角处的CV点，使用"尺寸"工具沿单方向左右调整戒面宽度；选中戒面左右两侧的CV点，使用"尺寸"工具沿单方向上下调整戒面宽度，如图5-19所示。

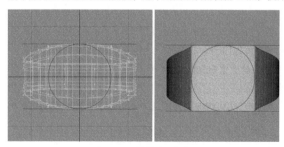

图 5-18 调整戒面宽度

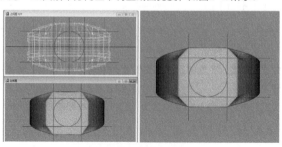

图 5-19 调整戒面造型

STEP 04

调整戒臂造型。在右视图中，从戒面一侧的转角处开始绘制至戒臂底部的直线作为辅助线，根据辅助线调整相应位置的CV点，如图5-20所示。

在正视图中，按照戒指造型画出辅助线，选中戒臂边缘相应位置的CV点，使用"移动"工具对其进行调整，如图5-21所示。

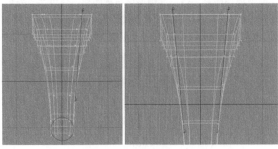

图 5-20 调整戒臂的 CV 点

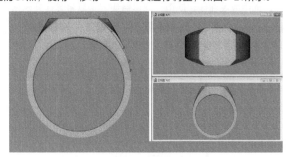

图 5-21 调整造型

STEP 05

掏底。按照留1mm厚度的要求进行掏底，注意检查各个视图中的掏底厚度，如图5-22所示。

掏底后，使用矩形超减物体检查掏底厚度是否一致，检查后完成戒指的制作，如图5-23所示。

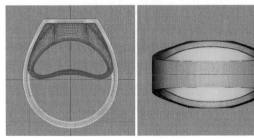

图 5-22 掏底

图 5-23 检查掏底厚度

多面戒指（线面连接曲面）

1. 分析戒指造型

图 5-24 所示的戒指为多面转折造型，该造型使用"导轨曲面"工具较难实现。可使用 3 条曲线将戒面上的每个转折点连接起来，再根据戒指造型修改曲线，使用"线面连接曲面"工具将其成体，如图 5-25 所示。

图 5-24 多面戒指

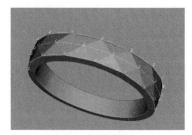

图 5-25 分析戒指造型

STEP 01

绘制辅助线。使用"圆形"工具绘制直径为18mm的戒圈曲线，选中戒圈曲线，使用"偏移曲线"工具将其往外侧偏移1.5mm（这两条曲线为辅助线），修改曲线使戒底厚度为1.3mm，戒面高度为2.5mm，如图5-26所示。

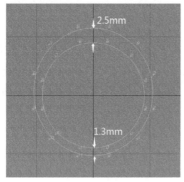

图 5-26 戒指辅助线

STEP 02

绘制中间的造型曲线。使用"左右对称线"工具沿外侧辅助线的横轴线部分，根据戒指造型绘制曲线，在每一个转折点处放置4个CV点，在靠近两端的转折点处可以只放3个CV点，如图5-27所示。

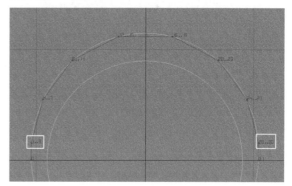

图 5-27 第一条造型曲线

STEP 03

绘制两侧曲线。使用"左右对称线"工具在中间曲线的开始处绘制两侧曲线，在每个转折点处同样放置4个CV点。该曲线的转折点位于中间曲线每两个转折点的正中间，而且其每个转折处4个点的序号要包含其左右相邻的中间曲线的转折点的两个序号。如两侧曲线的点6~9（6,7,8,9），它在中间曲线的点4~7到点8~11之间，那么这个点必须包含点4~7中的6,7两个点和点8~11中的8,9两个点，这样在成体后才能形成多面状，如图5-28所示。

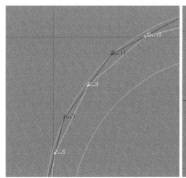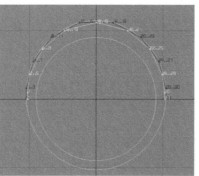

图 5-28 曲线的位置关系

STEP 04

绘制戒圈曲线。根据绘制好的曲线的CV点数量、位置绘制戒圈曲线，由于CV点数量较多，注意CV点的分布，如图5-29所示。

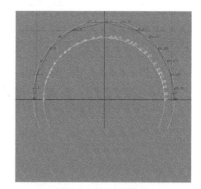

图 5-29 绘制戒圈曲线

STEP 05

调整曲线位置。在上视图中根据戒面宽度调整曲线位置。绘制直径为3.8mm的圆形作为戒面宽度的辅助线，中间曲线的位置不变，把两侧曲线、戒圈曲线移动至一侧，使用"左右复制"工具将它们复制到另一侧，如图5-30所示。

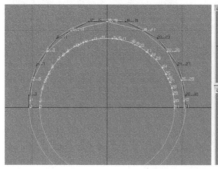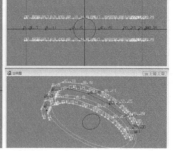

图 5-30 调整曲线位置

STEP 06

成体。使用"线面连接曲面"工具进行成体，每条线之间都具有转折关系，所以要双击曲线；然后执行"曲面"菜单中的"封口曲面"命令，效果如图5-31所示（注意单击曲线的次数要一致）。

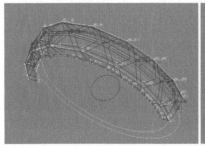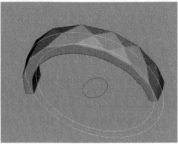

图 5-31 完成多面造型的制作

STEP 07

在正视图中，根据戒指辅助线绘制双导轨线以制作另一半戒指；调整连接部分，使其与多面造型部分的尺寸相等，如图5-32所示。

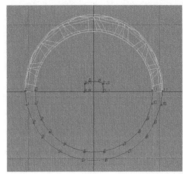

图 5-32 完成多面造型戒指

相关练习——多面戒指

制作多面戒指，如图5-33所示。

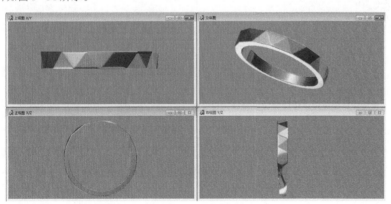

图 5-33 多面戒指

参数要求如下。

戒圈为17号，戒底厚度为1.3mm，宽度为2.2mm；戒面高度为2mm，宽度为3.2mm。

制图要求如下。

①造型：块面转折清晰，形状大小一致。

②尺寸：尺寸精准，符合要求。

③使用"线面连接曲面"工具制作。

第 6 章

吊坠

CHAPTER 06

本章主要介绍几款吊坠的制作方法及制作时的注意事项，在制作的过程中，逐步提高读者运用软件的能力，进一步加深读者对首饰结构的了解。

吊坠的结构特点

吊坠是项链的主要组成部分，通过环扣、吊坠扣与金属链、绳连接，有一体项链和单独吊坠两种形式。一体项链也称套链，其吊坠与金属链合在一起，不能单独取下；而单独吊坠是指可以选取任何适用的金属链或者绳与吊坠进行连接的款式，如图6-1所示。

图6-1 吊坠款式

◆ 吊坠扣

吊坠扣是连接吊坠与金属链、绳的主要配件，吊坠扣的位置会影响吊坠的平衡性，无论是独立吊坠扣还是吊坠本身已有的吊坠扣，在制作时都要注意其位置，确保佩戴时吊坠主体平衡。

◆ 吊坠的造型特点

吊坠包括吊坠扣、主体款式两大部分。主体款式部分根据款式的不同会有一些不同的细节，如封底、双层、通花、各种连接机关等，尤其在一些两用款式中，如吊坠戒指两用款式中还需要有隐藏吊坠扣的机关，如图6-2、图6-3所示。

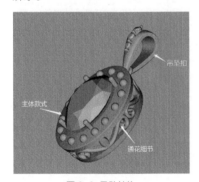

图6-2 吊坠结构

图6-3 两用款式上的机关

水滴宝石吊坠

1. 分析吊坠造型

图6-4所示的水滴宝石吊坠款式简约，制作时注意钻石托的大小及心形通花的位置。相关参数：水滴形钻石为7mm×9mm，钻石托高度为4mm（1.5mm+1.5mm+1mm），镶爪直径为1.0mm，如图6-5所示。

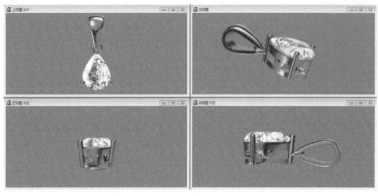

图 6-4 水滴宝石吊坠

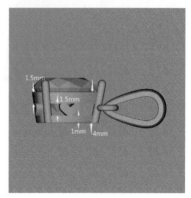

图 6-5 相关参数

2. 制作步骤

STEP 01

调出水滴形宝石，并将其尺寸修改为宽7mm、长9mm。在正视图中调整宝石位置，使其高出横轴线0.5mm。在上视图中，使用"左右对称线"工具绘制水滴形钻石的轮廓线，如图6-6所示。

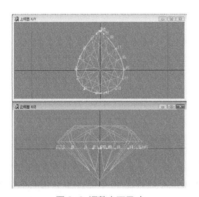

图 6-6 调整宝石尺寸

STEP 02

在正视图中，绘制钻石拖高度、斜度的辅助线。先使用"左右对称线"工具在横轴线上绘制直线，并将其偏移4mm作为钻石托的高度辅助线；再使用"上下对称线"工具在纵轴线上绘制直线，并将其移动至右侧与钻石宽度对齐。选中上下对称线，执行"复制"菜单中的"多重变形"命令，在弹出的对话框中设置"复制数目"为2，选中"物件坐标"选项，在"进出"方向旋转-8°，单击"确定"按钮，完成斜度辅助线的绘制，如图6-7所示。

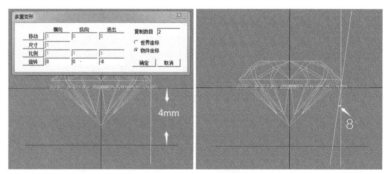

图 6-7 绘制辅助线

STEP 03

绘制钻石托切面。在正视图中，根据斜度辅助线、宝石碗厚度0.8mm绘制钻石托切面，如图6-8所示。

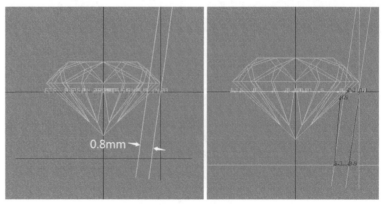

图 6-8 钻石托切面

STEP 04

绘制钻石托导轨线并成体。选中切面，执行"变形"菜单的"反转"子菜单中的"反上"命令，将切面反转到上视图中，测出切面整体宽度为1.4mm。在上视图中选中钻石轮廓线，将其向内侧偏移1.4mm。执行"导轨曲面"命令，选中"不合比例""单切面"选项，设置"切面量度"为□，单击"确定"按钮后依次单击导轨线、切面，完成钻石托的成体，如图6-9所示。

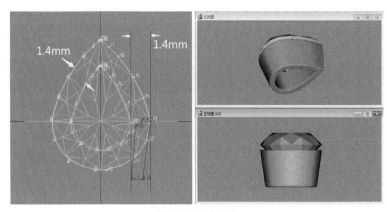

图6-9 钻石托成体

STEP 05

制作镶爪和双层物体。制作直径为1mm的镶爪，根据钻石托的斜度将其移动到水滴形钻石两侧及尖角处。在右视图中，按照图6-5中的尺寸绘制辅助线，使用"任意曲线"工具根据辅助线绘制双层物体的切面，在上视图中使用"直线延伸曲面"工具将其成体，如图6-10所示。

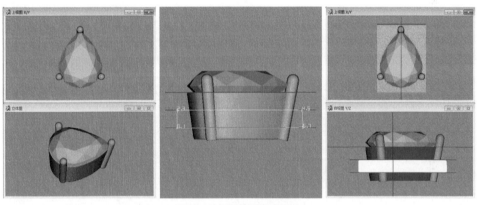

图6-10 制作镶爪和双层物体

STEP 06

制作心形通花。在正视图中使用"左右对称线"工具绘制宽2.5mm、高1.7mm的心形，在上视图中使用"直线延伸曲面"工具将其成体。分别选中上下两组CV点，使用"尺寸"工具进行单方向的缩放以调整心形大小，使其两侧的直线垂直于与钻石托相交的部分，如图6-11所示。

在上视图中先选中心形物体，使用"环形复制"工具将其复制3个，根据垂直关系调整复制物体的位置。选中3个复制物体，执行"布林体"子菜单中的"相减"命令，减掉双层物体，再使用相减后的双层物体减掉钻石托，完成通花的制作，如图6-12所示。

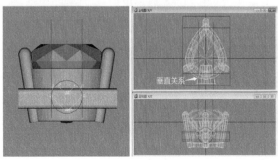

图6-11 制作通花

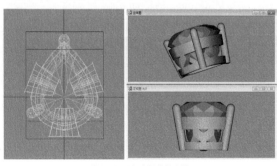

图6-12 完成通花的制作

STEP 07

连接吊坠扣。根据第4章中瓜子扣的制作方法制作瓜子扣，使用圆环将吊坠与瓜子扣连接起来，圆环位于钻石托的中间，如图6-13所示。

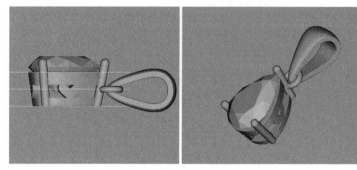

图 6-13 连接吊坠扣

心形密钉镶吊坠

1. 分析吊坠造型

图 6-14 所示的吊坠为心形密钉镶款式，心形属于较规则的异形，根据第 4 章中的密钉镶嵌方法及相关参数的设置方法进行制作。注意宝石的排列要均匀、严密，避免出现空隙过大或者相互重叠的情况，如图 6-15 所示。

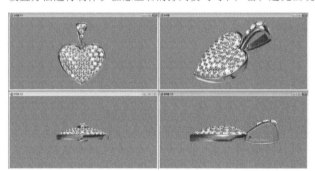

图 6-14 心形密钉镶吊坠

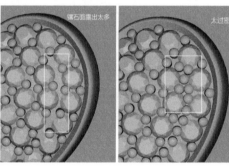

图 6-15 错误示例

2. 制作步骤

STEP 01

根据吊坠的造型，使用"左右对称线"工具绘制宽15mm、高13mm的心形。根据正视图中的造型绘制切面，切面高度为3mm。执行"导轨曲面"命令，选中"迴圈（迴圈中心）""单切面"选项，设置"切面量度"为圆，进行成体，如图6-16所示。

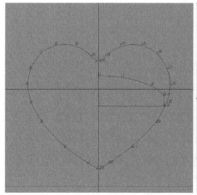

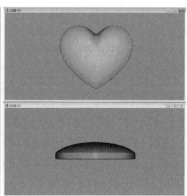

图 6-16 心形造型成体

STEP 02

调整心形的凹处、顶部，使其整体造型更圆滑，以方便镶石。在普通线图模式下显示出CV点，调整中心处的心形切面，使其凹处和顶部更圆滑，如图6-17所示。

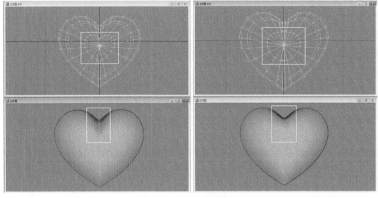

图 6-17 调整造型

STEP 03

制作镶石边。在正视图中以高出镶石面0.5mm的高度为准画出镶石边切面。根据切面位置，在上视图中画出镶石边的导轨线，如图6-18所示。

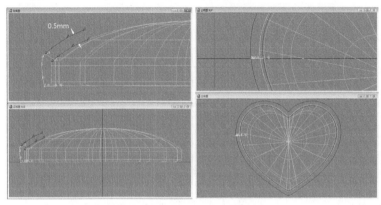

图 6-18 绘制镶石边切面、双导轨线

将正视图中的切面反转到上视图中，执行"导轨曲面"命令，选中"不合比例""单切面"选项，设置"切面量度"为▢，进行成体，如图6-19所示。

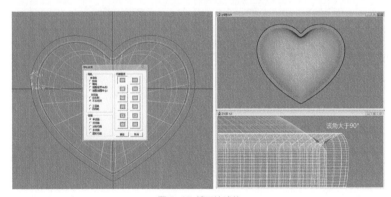

图 6-19 镶石边成体

STEP 04

为心形掏底。根据镶石大小为心形镶石面掏底，在镶石面上留1mm的厚度，如图6-20所示。

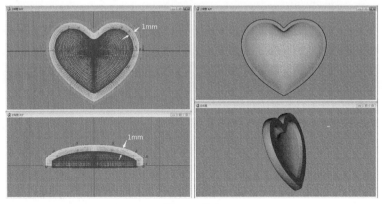

图 6-20 掏底

STEP 05

制作镶口并排石。制作尺寸为1.5mm、1.3mm的宝石的镶口，镶爪直径为0.6mm。在正视图中，宝石腰部高于横轴线0.1mm，镶爪高度与宝石台面齐平，如图6-21所示。

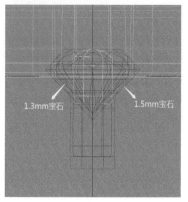

图 6-21 宝石镶口位置

在上视图中，在心形镶石面中心绘制辅助线以辅助排石，镶石以尺寸为 1.5mm 的宝石为主，特殊位置可镶嵌尺寸为 1.3mm 的宝石，如图 6-22 所示。注意：中心位置的宝石尺寸尽可能一致，将它们排列均匀。

STEP 06

连接吊坠扣。制作瓜子扣，使用圆环将吊坠与瓜子扣连接起来，完成吊坠的制作，如图6-23所示。

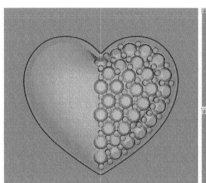

图 6-22 排列宝石

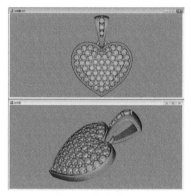

图 6-23 连接吊坠扣

镶嵌贝壳四叶草吊坠

1. 分析吊坠造型

图 6-24 所示的吊坠为贝壳四叶草造型，4 个心形叶片上镶嵌了贝壳，属于造型较为简洁的一体项链。贝壳多以粘胶的方式进行镶嵌，所以贝壳镶口下方要留出粘胶的位置，如图 6-25 所示。相关参数：主体部分的宽度为 14mm（在直径为 15mm 的圆形内），高度为 1.8mm，贝壳厚度为 1mm。

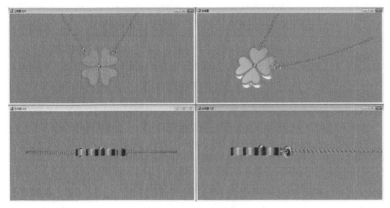

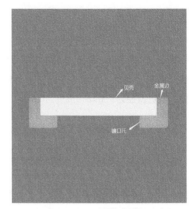

图 6-24 贝壳四叶草吊坠　　　　　　　　　图 6-25 贝壳的镶嵌方式

2. 制作步骤

STEP 01

绘制叶片。在上视图中使用"圆形"工具绘制直径为15mm的圆形，以确定叶片的整体大小；再使用"左右对称线"工具在界面上方绘制四叶草心形叶片，其大小不超过直径为15mm的圆形，如图6-26所示。

选中心形叶片曲线，使用"偏移曲线"工具将其向内侧偏移0.6mm，再使用"环形复制"工具复制心形叶片，数目为4，叶片相互重叠部分的宽度为0.8mm，如图6-27所示。若重叠部分过大或者太小，则需要重新调整心形大小直至尺寸准确。

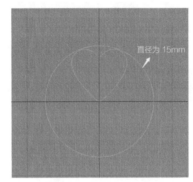

图 6-26 绘制心形叶片

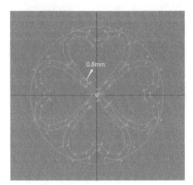

图 6-27 确定心形叶片大小

STEP 02

心形叶片成体。保留上面一个心形叶片，将其他心形叶片删除。选中外侧心形叶片曲线，使用"直线复制"工具原地复制1条，并将其往内侧偏移1mm，形成两组双导轨线。绘制两个方形切面，高度分别为1.8mm、0.8mm，如图6-28所示。

执行"导轨曲面"命令，选中"不合比例""单切面"选项，设置"切面量度"为 ▢ ，先单击0.6mm间距曲线、1.8mm高度切面进行成体，然后单击1mm间距曲线、0.8mm高度切面进行成体，完成贝壳镶口的制作，如图6-29所示。

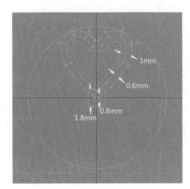

图 6-28 叶片导轨线、切面

图 6-29 贝壳镶口

STEP 03

组合造型。选中心形镶口，执行"环形复制"命令，设置"复制数目"为4，形成四叶草造型。在正视图中，沿纵轴线绘制圆钉切面，使用"纵向环形对称曲面"工具将其成体，圆钉直径为1.5mm，高度为0.6mm，如图6-30所示。

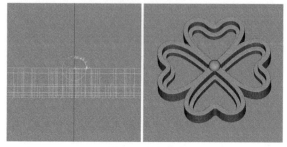

图6-30 组合造型

STEP 04

嵌入贝壳。根据贝壳镶口的大小、形状制作贝壳，并嵌入镶口中。选中整个四叶草，使用"多重变形"工具，在弹出的对话框中设置"旋转"下的"进出"为45，即将其进行45°旋转，如图6-31所示。

在相应位置制作环扣，加上机制链，完成项链的制作，如图6-32所示。

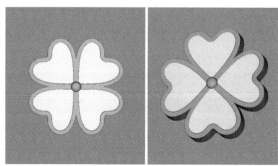

图6-31 嵌入贝壳

图6-32 添加环扣

相关练习——钻石吊坠

制作钻石吊坠，如图6-33所示。

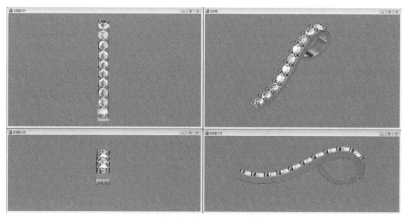

图6-33 钻石吊坠

参数要求如下。

上视图中的尺寸为21mm×2.5mm，镶石面宽为2.5mm，圆形钻石直径为2.0mm，侧视图中的高度为6mm。

制图要求如下。

①造型：造型准确，线条流畅。　　②尺寸：尺寸精准，符合要求。　　③镶石方式准确。

第 7 章

耳饰

CHAPTER 07

本章主要介绍几款耳饰的制作方法及制作时的注意事项，读者能够在熟
练运用软件的基础上，加深对金属首饰制作工艺的理解。

耳饰的结构特点

　　一般耳饰的主要结构分为主体款式、佩戴方式两个部分。佩戴方式主要有穿针于耳洞、螺丝夹、弹簧夹 3 种，一般情况下，使用耳针插入耳洞是常用方式。耳饰的装饰范围不局限于耳垂，还包括耳郭、耳鼓等，根据装饰部位的不同，耳饰的结构也会有所不同，如图 7-1 所示。

图 7-1 耳饰

◆ 耳饰的种类

　　耳饰的种类主要有耳钉、耳坠、耳环等。耳饰用于装饰耳部，左右对称或者不对称。耳钉一般指没有活动坠饰的耳饰，耳坠则是有一定长度、形状坠饰的耳饰，耳环一般呈圆形、半圆形或者椭圆形，如图 7-2 所示。

图 7-2 耳饰种类

◆ 耳扣的结构特点

　　耳扣是佩戴耳饰的主要部件，主要有普通耳针、耳圈、耳钩、耳拍等类型，它的造型也是耳饰款式的一部分，如图 7-3 所示。

图 7-3 耳扣种类

珍珠耳钉的制作

1. 分析耳钉造型

图 7-4 所示的珍珠耳钉的制作方法较容易把握，要明确珍珠的镶嵌方式为插针，如图 7-5 所示。注意三角形部分与珍珠的连接方式，既要牢固又不能影响整体造型的美观，如图 7-6 所示。

相关参数：珍珠直径为 8mm，上视图中的高度为 14.5mm，三角形尺寸为 7.3mm×7.6mm。

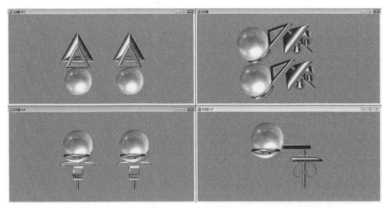

图 7-4 珍珠耳钉

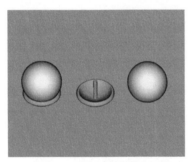

图 7-5 珍珠的镶嵌方式

图 7-6 与珍珠连接部分

2. 制作步骤

STEP 01

制作珍珠。在上视图中调出球体曲面，放大其直径至8mm，并将其材质改为珍珠，如图7-7所示。

在详细线图模式下，在右视图中以4mm的直径为准绘制珍珠包碗切面，其厚度为0.8mm。使用"纵向环形对称曲面"工具将其成体，并在其中心绘制直径为0.8mm的插针，插针高度为4mm，如图7-8所示。

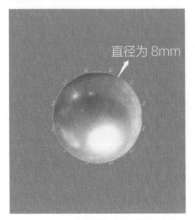

直径为 8mm

图 7-7 确定珍珠大小、材质

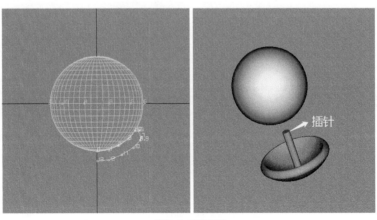

插针

图 7-8 珍珠包碗

STEP 02

制作三角形曲面。按照相关尺寸绘制三角形的外轮廓，使用"偏移曲线"工具将其向内侧偏移1.2mm，如图7-9所示。注意：偏移曲线时曲线容易发生变形，使用相应的工具进行调整即可。

绘制弧形切面，高度为1.2mm，执行"导轨曲面"命令，选中"不合比例""单切面"选项，设置"切面量度"为🖥，进行成体，如图7-10所示。

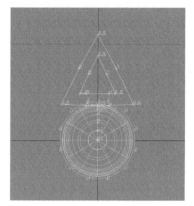

图 7-9 绘制三角形的导轨线

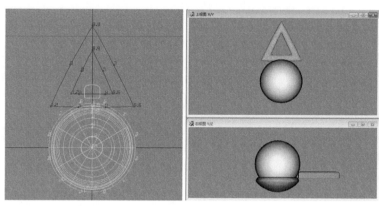

图 7-10 三角形成体

STEP 03

连接三角形曲面和珍珠包碗。在右视图中，使用"任意曲线"工具在珍珠包碗上部沿着珍珠的轮廓往上延伸至三角形曲面，绘制连接切面，其宽度与珍珠包碗的厚度一致，如图7-11所示。

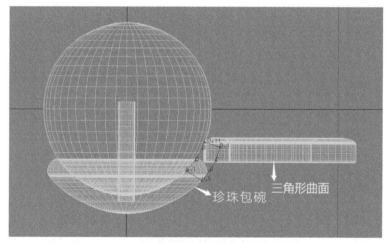

图 7-11 连接三角形曲面和珍珠包碗

选中连接切面，使用"纵向环形对称曲面"工具，将其沿顺时针方向旋转10°成体。在上视图中旋转该曲面，使它们在纵轴线中间完成连接，如图7-12所示。

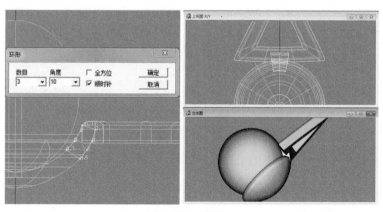

图 7-12 完成连接

STEP 04

添加耳针、耳堵配件。在"JewelCAD
资料库"对话框的"Parts"中找到相
应款式的耳针、耳堵，将耳针移动至
三角形顶部，完成珍珠耳钉的制作，
如图7-13所示。

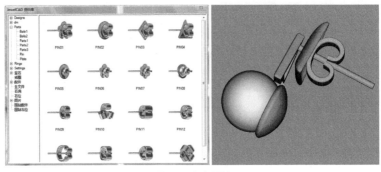

图 7-13 添加配件

星形珐琅耳饰的制作

1. 分析耳饰造型

图 7-14 所示的星形珐琅耳饰
造型简单，要理解耳圈活动部分的
结构，了解珐琅的制作工艺。

相关参数：耳圈内径为 10mm，外
径为 13.6mm；耳圈宽度为 3.5mm；
星形尺寸为 8.2mm×8.2mm；珐琅
槽深度为 0.5mm。

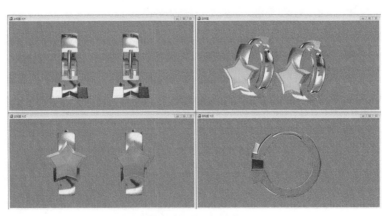

图 7-14 星形珐琅耳饰

2. 制作步骤

STEP 01

制作耳圈。根据第4章中耳扣的制作方法，按照相关尺寸制作
星形珐琅耳饰的耳圈部分，注意各部分的尺寸要准确，如图
7-15所示。

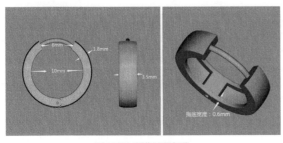

图 7-15 制作耳圈部分

STEP 02

制作星形珐琅镶口。在正视图中执行"环形重复线"命令，
设置"数目"为5，按照相关尺寸绘制星形曲线。选中该曲
线，使用"偏移曲线"工具将其往内侧偏移0.6mm；绘制高
度为3.5mm的方形切面，执行"导轨曲面"命令将其成体，
如图7-16所示。

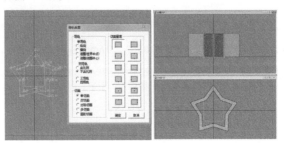

图 7-16 制作星形

在正视图中沿星形外轮廓绘制曲线。在纵轴线一侧绘制单导轨切面，切面高度为3mm，并在切面上下两条线的中间添加2~3个CV点，以方便调整耳饰造型。执行"导轨曲面"命令，选中"迴圈（世界中点）"选项，将实心星形成体，如图7-17所示。

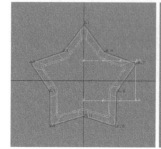

图 7-17　制作星形

STEP 03

组合造型。将隐藏的耳圈显示出来，在右视图中根据耳饰造型确定星形在耳圈上的位置，如图7-18所示。

将两个星形联集起来，使用"曲面/线 投影"工具，选中"向左""加在曲线/面上"选项，单击"确定"按钮后单击用于确定星形位置的曲线，如图7-19所示。

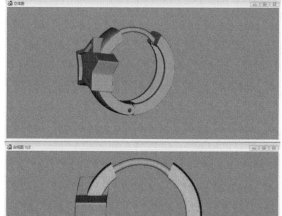

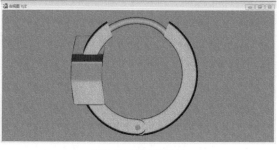

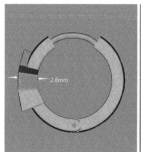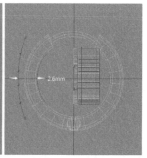

图 7-18　确定星形位置

图 7-19　调整星形位置

选中星形底部的CV点，使用"尺寸"工具进行收底。沿耳圈前半部分的内径绘制曲线，选中星形底部的CV点，使用"曲面/线 投影"工具，选中"向左""贴在曲线/面上"选项，单击"确定"按钮后单击曲线，使星形底部与耳圈内径重合，如图7-20所示。

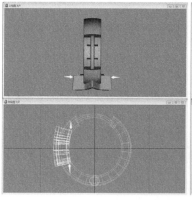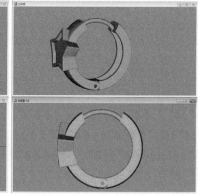

图 7-20　调整星形底部

STEP 04

为星形掏底。复制一个实体星形，以0.6mm的厚度为准进行掏底。将耳圈前半部分的掏底物体显示出来，把星形与耳圈前半部分联集起来以便掏底，如图7-21所示。

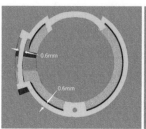

图 7-21　为星形掏底

STEP 05

按照耳圈掏底后的宽度绘制星形曲线，使用"直线延伸曲面"工具将其成体。根据耳饰造型复制3个实体星形，并将它们移动至耳圈的后半部分，使用"相减"工具减掉耳圈，如图7-22所示。

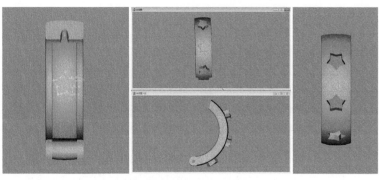

图 7-22 耳圈后半部分的造型

STEP 06

制作珐琅效果。按照珐琅填充面的大小绘制星形，并绘制厚度为0.5mm的切面，执行"单导轨"命令将其成体，更改其材质颜色为与本例珐琅类似的颜色。使用"曲面/线 投影"工具将其投影到相应位置，完成耳饰的制作，如图7-23所示。

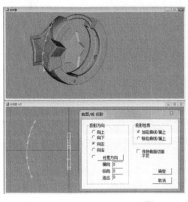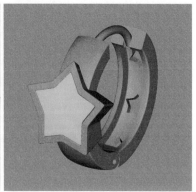

图 7-23 制作珐琅效果

雪花钻石耳饰的制作

1. 分析耳饰造型

图 7-24 所示的耳饰为雪花造型，其中心部分由不同尺寸的圆形钻石组成，佩戴方式为耳钩。虽然本例的雪花造型为平面效果，但制作时要注意宝石之间的层次。

相关参数如下：雪花尺寸：圆形直径为 15mm，最大厚度为 3mm，最小厚度为 1.5mm。钻石尺寸：直径为 3mm 的需要 2 颗，直径为 2.5mm 的需要 12 颗，直径为 1.5mm 的需要 12 颗，如图 7-25 所示。

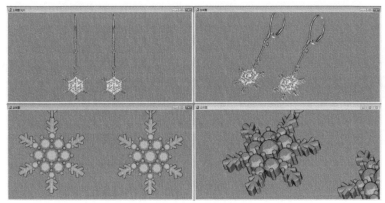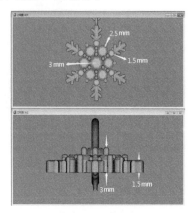

图 7-24 雪花钻石耳饰　　　　　　　　　　图 7-25 相关参数

2. 制作步骤

STEP 01

制作围钻部分。分别制作直径为3mm、2.5mm、1.5mm圆形宝石碗，直径为3mm的宝石碗高度为2.3mm，直径为2.5mm的宝石碗高度为1.6mm，直径为1.5mm的宝石碗高度为1.6mm，如图7-26所示。

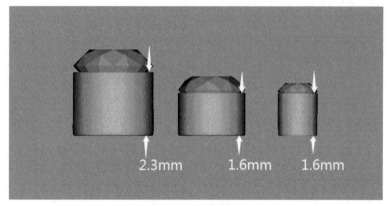

图 7-26 宝石碗高度

在上视图中，按照图7-24所示效果排列宝石碗，使它们的底部齐平，并确定宝石之间没有重叠。分别制作直径为0.7mm、0.6mm的圆形镶爪，将它们放在合适的位置用于镶嵌宝石，其中直径为1.5mm的宝石使用直径为0.6mm的镶爪，镶爪高度与其镶嵌的宝石台面高度一致，如图7-27所示。

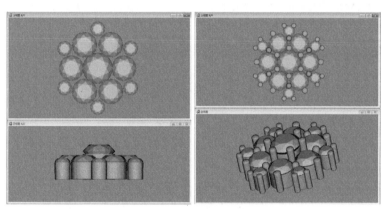

图 7-27 排列宝石并制作镶爪

STEP 02

制作雪花造型。在上视图中使用"圆形"工具绘制直径为15mm的圆形，确定雪花的整体尺寸。根据图7-24中的雪花造型，使用"任意曲线"工具沿中间上面一颗直径为1.5mm的宝石绘制双导轨线，它们的间距为1mm；绘制弧形切面（高度为1.5mm），执行"导轨曲面"命令将其成体，如图7-28所示。

在上视图的中心绘制双导轨线，它们的间距为0.7mm，高度为1.5mm，执行"导轨曲面"命令将其成体，成体后按要求制作组合造型，如图7-29所示。

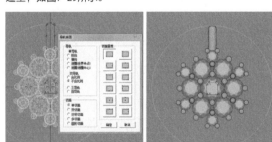

图 7-28 制作雪花造型

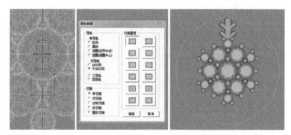

图 7-29 组合造型

选中组合造型，使用"环形复制"工具进行复制，设置"复制数目"为6，完成雪花造型的制作，如图7-30所示。

STEP 03

制作配件。先在"JewelCAD资料库"对话框的"Parts"中调出相应款式的耳钩，然后在上视图中心制作宽1mm、长6.5mm、厚1.5mm的曲面，在其上下两端连接横向圆环，用于连接耳钩与雪花造型，完成耳饰的制作，如图7-31所示。

图7-30 雪花造型

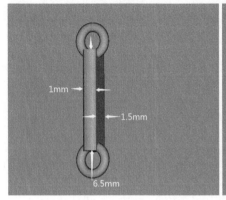

图7-31 制作配件

相关练习——心形耳钉

制作心形耳钉，如图7-32所示。

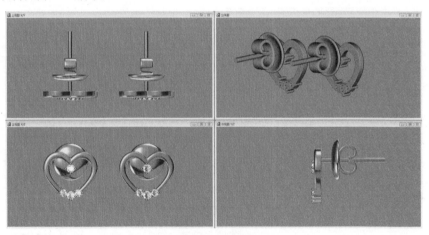

图7-32 心形耳钉

参数要求如下。

正视图中的尺寸为10mm×9mm；圆形钻石直径为1.5mm的需要4颗，圆形钻石直径为1.3mm的需要4颗；侧视图中金属面的高度为1.2mm。

制图要求如下。

①造型：造型准确，线条流畅。

②尺寸：尺寸精准。

③镶石方式准确。

第 8 章

宝石戒指

CHAPTER 08

本章主要介绍几款宝石戒指的制作方法及制作时的注意事项，在读者进行一定程度的实践练习后，逐步加入较深层的实践内容，可进一步提高读者运用 JewelCAD 的能力。

轨道镶嵌指环的制作

1. 分析指环造型

图 8-1 所示的指环为 18K 金镶嵌梯形宝石款式，宝石镶嵌方式为轨道镶嵌，制作时注意根据戒圈大小调整钻石尺寸及数量。

2. 制作戒圈

戒圈号：14号
梯形宝石：2.5mm×1.4mm

图 8-1 钻石指环

STEP 01

在正视图中使用"圆形"工具按照戒圈号的要求绘制指环内径，并将其向外侧偏移2mm，形成双导轨。根据第4章"轨道镶嵌"中金属边切面的绘制方法绘制切面，由于金属边独立成为指环的主体部分，因此可根据指环尺寸与宝石尺寸将切面适当放大，如图8-2所示。

STEP 02

执行"导轨曲面"命令，选中"不合比例""单切面"选项，设置"切面量度"为 ，进行成体，如图8-3所示。

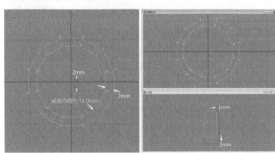

图 8-2 绘制导轨线与切面

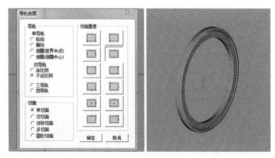

图 8-3 金属边成体

3. 镶嵌宝石

STEP 01

在上视图中调出梯形宝石，调整其尺寸为2.5mm×1.4mm。制作支撑条，调整好位置后，执行"布林体"子菜单中的"相减"命令将其隐藏在宝石内，如图8-4所示。

STEP 02

在正视图中选中宝石，将其向上垂直移动至戒圈位置。在上视图中选中戒圈，按照宝石的长度将其向下移动，使宝石腰部卡在镶石位上，如图8-5所示。

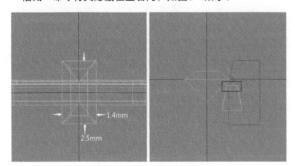

图 8-4 调整宝石与支撑条

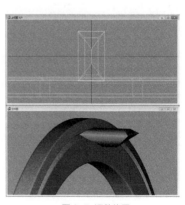

图 8-5 调整位置

STEP 01

选中宝石，执行"布林体"子菜单中的"还原"命令，将支撑条还原。在正视图中选中宝石，使用"环形复制"工具，按照宝石间距小于0.1mm的规则对其进行复制，如图8-6所示。

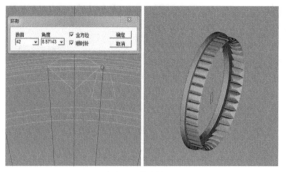

图 8-6 复制宝石

STEP 02

在正视图中，根据两个宝石之间的距离左右调整支撑条的位置，使其在两个宝石的正中。这时，可以隐藏宝石，查看支撑条的位置是否准确，如图8-7所示。

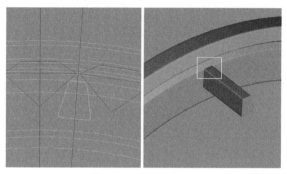

图 8-7 调整支撑条位置

STEP 03

确定支撑条位置后，按照宝石数量将其进行环形复制。在上视图中选中指环并执行"上下复制"命令，将宝石显示出来，完成轨道镶嵌指环的制作，如图8-8所示。

图 8-8 指环制作完成

围钻（虎爪镶嵌）宝石戒指的制作

1. 分析戒指造型

图 8-9 所示的戒指为双层围钻款式，戒圈号为 20 号，其主石为 8.5mm 爪镶，配石为 1.75mm 虎爪镶，戒面部分尺寸如图 8-10 所示。

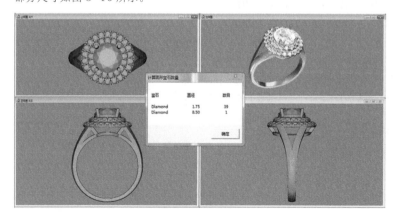

图 8-9 钻石戒指

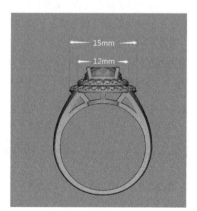

图 8-10 相关尺寸

2.制作戒面部分

制作直径为 8.5mm 的圆形爪镶宝石碗，其高度暂时为 3mm，如图 8-11 所示。

3.制作第一层围钻镶石面

STEP 01

为1.75mm的圆形宝石制作宽1.8mm的镶石面。在上视图中，根据宝石碗的倾斜角度绘制小于宝石直径的圆形曲线，将其作为第一条导轨线，并将该曲线往外侧偏移1.8mm得到第二条导轨线。在正视图中，将第一条导轨线向上移动0.8mm，使成体后的镶石面造型能够稍稍往外倾斜，如图8-12所示。

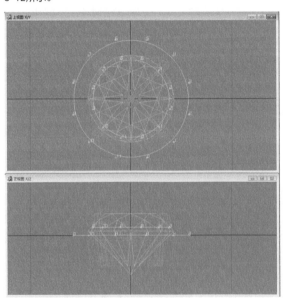

图 8-12 绘制双导轨线

4.制作第二层围钻镶石面

STEP 01

第二层围钻镶石面与第一层围钻镶石面的层次差为0.5mm。根据相关尺寸绘制直径为11.5mm的圆形，并将曲线往外侧偏移1.8mm，形成双导轨，如图8-14所示。

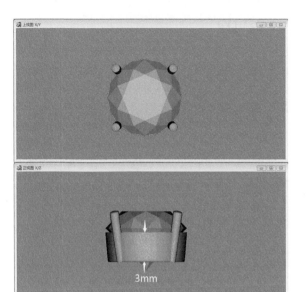

图 8-11 爪镶宝石碗

STEP 02

绘制略有弧度的长方形切面，高度为1.2mm。执行"导轨曲面"命令，选中"不合比例""单切面"选项，设置"切面量度"为 ▢ 进行成体。成体后，在正视图中将其向下移动，使其与宝石碗有0.6mm的层次差，如图8-13所示。

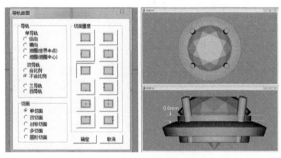

图 8-13 完成第一层围钻镶石面

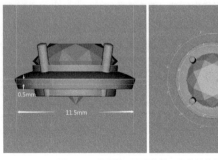

图 8-14 绘制第二层围钻镶石面的导轨线

STEP 02

执行"导轨曲面"命令,选中"不合比例""单切面"选项,设置"切面重量"为🔲进行成体。成体后,在正视图中将其向下移动,使其与第一层围钻镶石面有0.5mm的层次差,如图8-15所示。

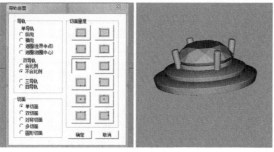

图 8-15 完成第二层围钻镶石面

STEP 03

显示中间宝石碗的CV点,选中底部的CV点,将其向上移动,使其与第一层围钻镶石面的底部齐平,如图8-16所示。

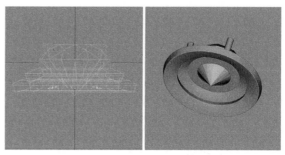

图 8-16 调整宝石碗的高度

5. 制作 Y 形戒臂

STEP 01

在正视图中画出直径为19.2mm的戒圈,按照图8-10中标注的高度尺寸,将做好的戒面向上移动,根据戒面高度画出戒指的外轮廓,如图8-17所示。

图 8-17 确定高度与外轮廓

STEP 02

为方便制作,下面将Y形戒臂分开制作。沿Y形戒臂的外轮廓绘制双导轨线,两条导轨线的间距为1.2mm,弧形切面宽度为2mm。选中下方导轨线,在侧视图中将其向右移动0.6mm,在正视图中执行"导轨曲面"命令进行成体,如图8-18所示。

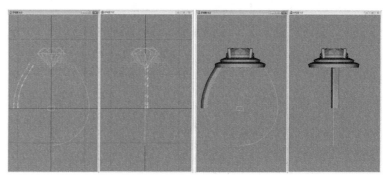

图 8-18 制作 Y 形戒臂

STEP 03

在侧视图中,根据图纸将Y形戒臂的外轮廓画出来作为标准。选中戒臂曲面,在上视图、侧视图中调整其整体造型,通过CV点调整其局部造型,调整完成后注意戒臂与戒面连接位置的造型,以及正视图中戒臂反转时的流畅性,如图8-19所示。

图 8-19 调整戒臂造型

STEP 04

在侧视图中，选中一侧戒臂进行左右复制，调整相交部分的CV点，使曲面更平滑。制作出另一半戒身，注意连接处要流畅自然，如图8-20所示。

6. 制作戒面贴底并完善戒圈

图 8-20 完成戒臂与戒身的制作

STEP 01

在正视图与侧视图中分别根据戒面斜度绘制辅助线，确定贴底范围，根据辅助线绘制椭圆形的双导轨线，宽度为0.8mm，如图8-21所示。

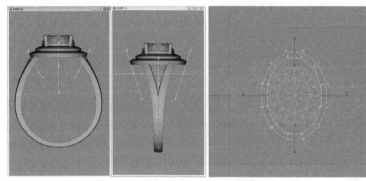

图 8-21 绘制贴底的导轨线

STEP 02

绘制大小为1mm的方形切面，执行"导轨曲面"命令进行成体。在正视图中，按照贴底范围在戒圈上画出曲线，选中贴底，使用"曲面/线 投影"工具将贴底投影到戒圈上，如图8-22所示。

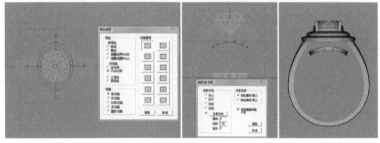

图 8-22 投影贴底

STEP 03

显示贴底的CV点，选中下方的CV点，在侧视图中按照辅助线的斜度单方向地进行调整，在两侧添加支撑条以连接贴底与戒面，如图8-23所示。

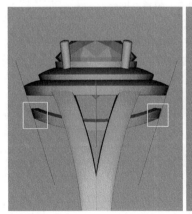

图 8-23 调整贴底

STEP 04

根据Y形戒臂制作戒臂贴底并将其与戒面贴底连接。先在戒臂部分沿戒圈绘制双导轨线，它们的间距为1mm，并绘制1mm的方形切面进行成体。然后在侧视图中，按照戒臂造型绘制辅助线，使用"曲面/线 投影"工具将曲面投影到辅助线上，并做相应调整，调整后在上视图中进行上下左右复制，如图8-24所示。

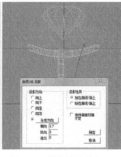

图 8-24 制作戒臂贴底

STEP 05

在戒臂与戒面连接处加入支撑条，戒指的整体造型如图8-25所示。

图 8-25 戒指的整体造型

7. 镶石

STEP 01

镶石方式为在圆环形镶石面上进行虎爪镶嵌，先在圆环形镶石面中间制作U形凹槽，在内外两边留0.5mm的边，深度为0.5mm。然后执行"曲线"菜单中的"Restore removed curves"命令，将生成镶石面的导轨线调出来并选中，将其分别向内、向外偏移0.5mm，使用偏移曲线制作U形凹槽，如图8-26所示。

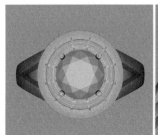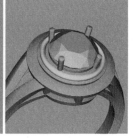

图 8-26 制作 U 形凹槽

STEP 02

将U形凹槽隐藏备用，制作直径为1.75mm的圆形宝石的U形透孔、镶爪切口等配件，按照0.1mm的宝石间距进行排石操作，如图8-27所示。

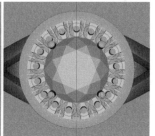

图 8-27 排石

STEP 03

调整U形透孔两端的宽度及镶爪切口的斜度、位置，执行"布林体"子菜单中的"相减"命令，使镶爪大小一致。调出隐藏了的U形凹槽，同样执行"布林体"子菜单中的"相减"命令，完成第一层围钻的镶嵌，如图8-28所示。

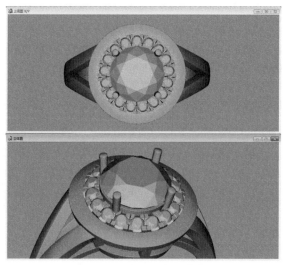

图 8-28 完成第一层围钻的镶嵌

STEP 04

按照同样的方法为第二层镶石面镶石，完成围钻宝石戒指的制作，如图8-29所示。

注意：在制作过程中，注意对细节部分进行处理，如Y形戒臂连接处、围钻两侧底部等，细节部分的处理将影响整个首饰的工艺质量。

图 8-29 围钻宝石戒指

植物造型戒指的制作

1. 分析戒指造型

图 8-30 所示的戒指为植物造型的蓝宝石戒指，戒圈号为 18 号。其主石为椭圆形宝石，尺寸为 9mm × 11mm；配石为圆形彩色宝石，直径有 1.5mm、1.3mm 两种尺寸。戒臂造型为在梯形框架中加入花草元素，制作时注意它们的层次关系，其他相关尺寸如图 8-31 所示。

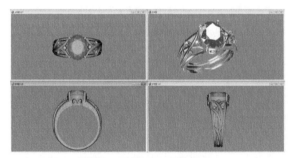

图 8-30 植物造型的蓝宝石戒指

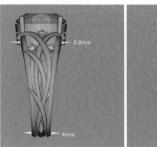

图 8-31 相关尺寸

2. 制作框架

STEP 01

制作一个9mm × 11mm的椭圆形宝石碗，镶爪形状为水滴形。在正视图中，根据戒圈号画出直径为18.4mm的戒圈，按照戒面高度尺寸将宝石碗移动到戒圈的直径线上方，如图8-32所示。

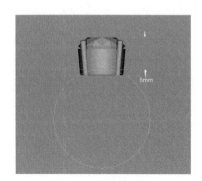

图 8-32 确定宝石碗位置

STEP 02

在正视图和侧视图中，使用"曲线"工具按照戒臂造型及尺寸画出戒臂的外轮廓线。在正视图中，画出用于制作戒臂框架的两条导轨线，如图8-33所示。

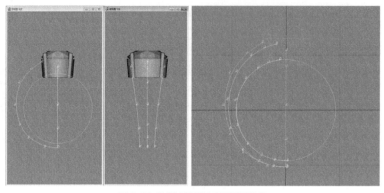

图 8-33 绘制戒臂外轮廓线及导轨线

STEP 03

根据图8-30所示的戒臂造型画出框架切面，执行"导轨曲面"命令进行成体。在左视图中选中框架，使用"曲面/线投影"工具将其投影到某一侧的轮廓线上，如图8-34所示。

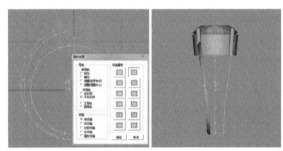

图 8-34 制作框架

STEP 04

调整框架与椭圆形宝石碗的连接处，使镶爪隐藏在框架中。调整完成后，将其进行左右对称复制，完成戒臂框架的制作，如图8-35所示。

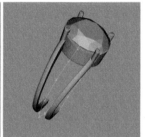

图 8-35 戒臂框架

3. 制作植物造型

STEP 01

在侧视图中，按照图8-30的侧视图中的造型，使用"任意曲线"工具根据植物造型画出双导轨线。先制作其中较为主要的一个叶片，在左视图中画出该叶片的两条导轨线，注意CV点数量要适中，如图8-36所示。

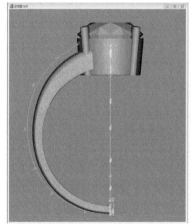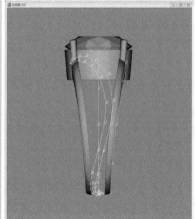

图 8-36 绘制叶片曲线

STEP 02

在正视图中选中叶片曲线，使用"曲面/线 投影"工具将其投影在戒臂轮廓线上，并做相应调整，使其与戒臂框架贴合，如图8-37所示。

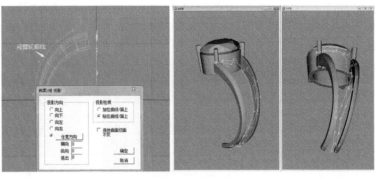

图 8-37 调整叶片曲线

STEP 03

在侧视图中绘制弧形切面，高度为0.8mm。执行"导轨曲面"命令进行成体，如图8-38所示。

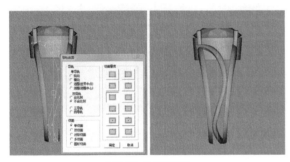

图 8-38 叶片的成体

4. 制作宝石碗

制作两种尺寸的圆形爪镶宝石碗，它们的直径分别为 1.5mm 与 1.3mm，宝石材质为粉色刚玉。按照图 8-30 中宝石碗的位置把宝石碗嵌到相应的位置，并根据每个宝石碗处戒臂的弧度调整宝石碗的斜度，如图8-40 所示。

5. 完善细节

STEP 01

选中左侧戒臂，在上视图中使用"旋转180复制"工具对其进行斜对称复制，调整戒指底部的连接处，使此处的线条更加流畅，如图8-41所示。

STEP 04

根据图8-30所示的叶片造型，以制作第一个叶片的方法将其他叶片制作出来，使用调整CV点的方式调整叶片之间的层次，如图8-39所示。

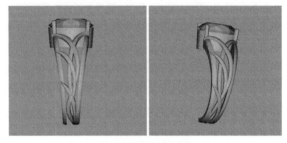

图 8-39 调整叶片层次

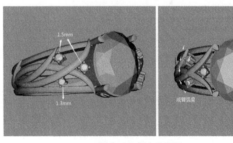

图 8-40 嵌入宝石碗

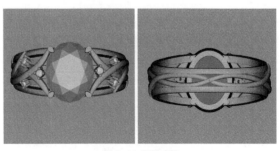

图 8-41 调整戒臂

STEP 02

在正视图中根据戒指内圈造型制作一个曲面，执行"布林体"子菜单中的"相减"命令，将主石宝石碗底部的多余部分减掉，如图8-42所示。

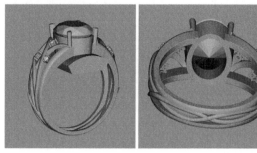

图 8-42 调整主石宝石碗

STEP 03

在主石宝石碗上添加镂空装饰。绘制装饰曲线，注意曲线的大小，在宝石碗上下两侧至少留出1mm。镂空装饰成体后，在上视图中调整其造型，使其与宝石碗的边缘尽量垂直，如图8-43所示。

图 8-43 制作镂空装饰

STEP 04

选中镂空装饰，执行"布林体"子菜单中的"相减"命令，单击宝石碗，完成镂空装饰的制作。更改主石材质为蓝宝石材质，完成植物造型戒指的制作，如图8-44所示。

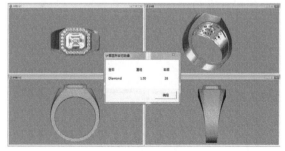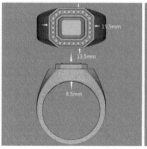

图 8-44 戒指制作完成

异形宝石戒指的制作

1. 分析戒指造型

图 8-45 所示的戒指为异形宝石戒指，其主石为 7mm×9mm 的祖母绿宝石，戒圈号为 23 号。该戒指的整体造型较为方正，制作时注意转折面的处理。其他相关尺寸如图8-46所示。

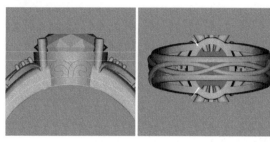

图 8-45 异形宝石戒指

图 8-46 相关尺寸

2. 制作戒指主体造型

STEP 01

由图8-45可以看出，戒指整体造型可通过"三导轨"命令制作，其中戒臂的凸起造型可通过在切面上设置CV点，成体后对造型进行调整的方式实现，如图8-47所示。

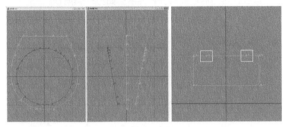

图 8-47 绘制导轨线与切面

3. 制作主石

STEP 01

在"宝石"对话框中调出八边形宝石，根据要求调整好宝石尺寸。主石的镶嵌方式为包边镶嵌，在正视图中根据宝石尺寸画出包边切面，将切面反转到上视图中，根据切面在宝石上的位置画出宝石碗的两条导轨线，如图8-49所示。

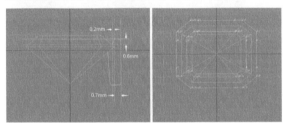

图 8-49 宝石碗的导轨线

STEP 02

执行"导轨曲面"命令进行成体。成体后，在侧视图中调整戒面宽度及戒底宽度，如图8-48所示。

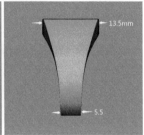

图 8-48 调整戒指尺寸

STEP 02

执行"导轨曲面"命令进行成体，成体后调整宝石在宝石碗中的位置，使宝石腰部镶嵌在镶口处，并根据戒面高度将其移动到戒面上，如图8-50所示。

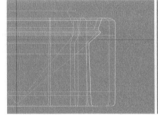

图 8-50 镶嵌宝石碗

4. 调整戒面、戒臂造型

STEP 01

选中戒面4个角处的CV点，在上视图中使用"尺寸"工具进行左右（单方向）缩放，调整周围的CV点，使曲面更平滑，如图8-51所示。

STEP 02

在正视图中，根据戒指造型在戒臂上画出曲线作为标记。根据标记线调整戒臂两侧的CV点，形成新的戒臂造型。注意，结构线条要流畅顺滑，各个部分的尺寸要按照要求调整准确，如图8-52所示。

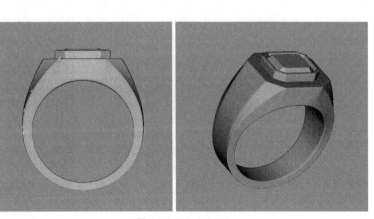

图 8-51 调整戒面造型　　　　　　图 8-52 调整戒臂造型

5. 制作镶石槽

STEP 01

戒面主石周围宝石的镶嵌方式为爪镶，四周有镶石边，所以先要将镶石槽制作出来。执行"双导轨"命令，制作切面为梯形的曲面；执行"布林体"子菜单中的"相减"命令，在戒指的戒面上将镶石槽挖出来，镶石槽深度为0.5mm，戒面上留有0.6mm的镶石边，如图8-53所示。

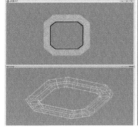

图 8-53 制作镶石槽

STEP 02

镶石槽的结构特点：①镶石边内侧是斜面，所以制作相减物体时要使用梯形切面，另外一侧可以通过调整主石宝石碗的外侧曲面来形成斜面；②深度一定要准确并且与宝石高度一致，以保证镶石后戒面与宝石齐平，如图8-54所示。

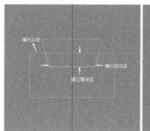
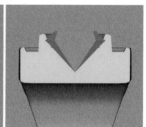

图 8-54 镶石槽的结构

6. 掏底

由于该戒指需要底片，用前面介绍的为戒指掏底的方法进行掏底操作。由于该戒指较宽大，因此掏底厚度可设定为1mm，镶石部分的厚度为1.2mm。将主石下方的戒面部分使用相应的曲面减掉，如图8-55所示。

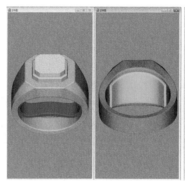
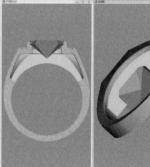

图 8-55 掏底

7. 镶石

STEP 01

制作直径为1.5mm的圆形宝石的圆形透孔、镶爪配件，按照0.1mm的宝石间距进行排石操作。戒面造型中有4个转角，在排石时尽量在每个转角的中间镶嵌一个宝石，如图8-56所示。

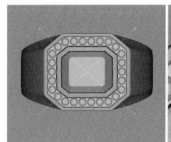

图 8-56 排石

STEP 02

镶石完成后进行排列镶爪操作，镶爪直径为0.6mm，扣住宝石0.1mm左右。一个镶爪扣住两个宝石的边缘大小要相等。镶石面上的转角处要放入镶爪，保证镶嵌完成后，转角造型不被破坏，如图8-57所示。

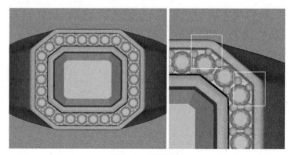

图 8-57 排列镶爪

STEP 03

在掏底处检查镶石透孔是否有偏斜及其与戒指内部是否重合等情况，要确定透孔在底部排列均匀。选中透孔，执行"布林体"子菜单中的"相减"命令，减掉戒面，完成镶石操作，如图8-58所示。

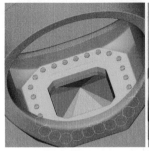

图 8-58 镶石透孔

STEP 04

镶石透孔若发生偏斜，则很容易与旁边的物体重合；若相邻的两个透孔距离过近，则会出现将其他物体一并减掉等情况。所以，如果镶石透孔出现偏斜、重合的情况，则需要微调透孔底部的位置，此时调整幅度不宜过大，如图8-59所示。

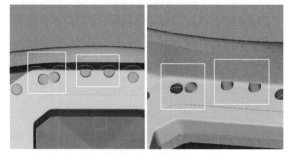

图 8-59 不正确的透孔

8. 制作封底

STEP 01

在掏底位置沿戒圈画出封底曲线，在下视图中，沿着戒圈掏底边缘画出曲线并将其往内侧偏移0.8mm，将画好的封底曲线投影在该偏移曲线上，如图8-60所示。

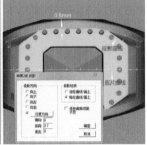

图 8-60 绘制封底曲线

STEP 02

把封底曲线进行上下对称复制，两条封底曲线为导轨线，画出宽1mm的正方形切面进行成体，如图8-61所示。

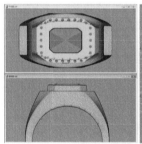

图 8-61 封底成体

STEP 03

在下视图中，按照封底的范围画出花纹，在正视图中使其成体，如图8-62所示。

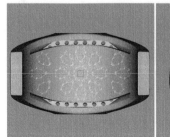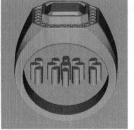

图 8-62 制作封底通花造型

STEP 04

在正视图中，选中封底处的全部通花物体，使用"曲面/线 投影"工具将它们投影在封底上，并执行"布林体"子菜单中的"相减"命令，减掉封底，完成封底通花造型的制作，如图8-63所示。

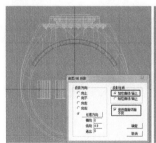

图 8-63 投影封底通花物体

STEP 05

制作封底分件点。在正视图中，在封底上平均选出4~5个位置制作分件点。在每个位置上制作宽度为0.8mm的弧面分件点；将它们成体后，在下视图中将它们移动至封底边缘，调整它们的长度使它们与戒圈边缘重合0.5mm，如图8-64所示。

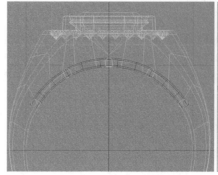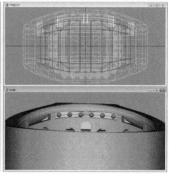

图8-64 制作封底分件点

STEP 06

原地复制分件点，在正视图中把复制的分件点底部拉长，使它们超出戒圈范围。选中复制的分件点，在上视图中进行对称复制，执行"布林体"子菜单中的"相减"命令，减掉戒圈，如图8-65所示。

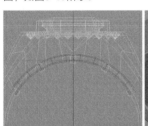

图8-65 分件点

STEP 07

把封底上的分件点在上视图中对称复制，并与封底联集起来，完成封底，异形宝石戒指制作完成，如图8-66所示。

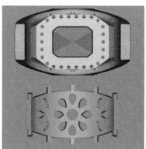

图8-66 封底完成

相关练习——花形戒指

制作花形戒指，如图8-67所示。

参数要求如下。

戒圈号为17号，戒底厚度为1.2mm，宽度为3.2mm；戒面宽度为13mm。

制图要求如下。

①造型：曲面上的转折造型准确。

②尺寸：尺寸精准，符合要求。

图8-67 花形戒指

第 9 章

套链

CHAPTER 09

本章不包括机制链，只对整体有造型的套链进行讲解。本章主要内容为
简单款套链的制作，重点介绍活动连接部分的制作方法，能进一步提高
读者对 JewelCAD 的应用能力。

套链的结构特点

套链是项链的一种，与有吊坠的项链不同，它的主体造型部分与活动链一体，不能任意活动。活动链款式包括造型款和机制链款，如图 9-1、图 9-2 所示。下面重点介绍造型款活动链的制作方法。

图 9-1 造型款活动链

图 9-2 机制链款活动链

◆ 套链连接

不论套链款式是复杂还是简单，其中活动连接部分的制作最重要，尤其是复杂款式，要注意连接位置的选择，保证项链能正常活动，如图 9-3 所示。

◆ 套链扣

套链扣以箱式弹簧扣为主，该套链扣适用于多种款式的套链，能够与多种造型结合使用。箱式弹簧扣由弹力片和扣箱组成，制作时注意两者的尺寸要相符，若扣箱大，弹力片小，则扣起来会不牢固，只有尺寸一致，它们才能相互扣合，如图 9-4 所示。

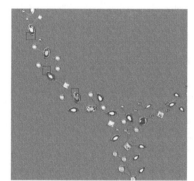

图 9-3 套链连接部分

1. 制作扣箱

制作宽 3.2mm、长 10mm、高 3.2mm 的长方体扣箱，壁厚为 0.6mm，扣箱内部尺寸为宽 2mm、长 8.8mm、高 2mm。其中扣箱一侧开口，作为弹力片的入口。为使扣箱内部容易处理，将扣箱底部进行分件处理，如图 9-5 所示。

扣箱   弹力片

图 9-4 箱式弹簧扣

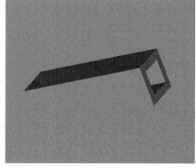
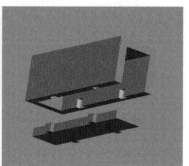

图 9-5 扣箱

2. 在开口处制作弹力片卡槽

这里弹力片入口处的高度为 2mm，制作高 0.7mm、长 2.5mm、宽 0.6mm 的长方体，放在开口处上方，使开口高度降低至 1.3mm，如图 9-6 所示。

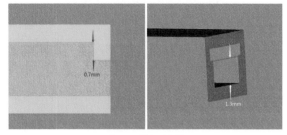

图 9-6 弹力片卡槽

3. 制作弹力片

在正视图中，按照扣箱内的空间画出弹力片导轨曲线，其厚度为 0.6mm。这时弹力片的状态为按压至扣箱内的状态，弹力片上半部分不能超过卡槽。画出边宽 2mm 的正方形切面，将弹力片成体，如图 9-7 所示。

图 9-7 弹力片导轨线

4. 制作弹力片按压装置

STEP 01

在正视图中，沿弹力片上半部分制作厚度为0.6mm、宽度为0.8mm的物体，该物体不能超出扣箱。在扣箱上方画出按钮曲线，整体厚度为0.8mm；在上视图中使用"直线延伸曲面"工具将其成体，成体宽度为1.2mm，如图9-8所示。

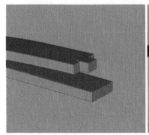
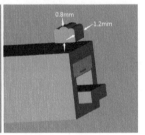

图 9-8 弹力片按钮

STEP 02

制作宽度为0.8mm、厚度为0.6mm的物体，用来连接两个按钮，按钮离扣箱的距离为弹力片卡槽的高度——0.7mm。把按压装置与扣箱重合的部分减掉，完成弹力片按压装置的制作，如图9-9所示。

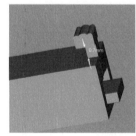
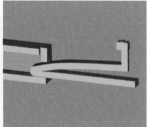

图 9-9 弹力片按压装置

5. 制作项链扣

根据项链的活动位置，在扣箱一端制作连接钩。在弹力片的一端按照扣箱高度与宽度制作连接块，并做出活动连接部分，完成项链扣的制作，如图 9-10 所示。

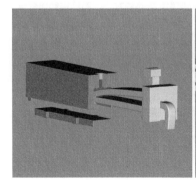
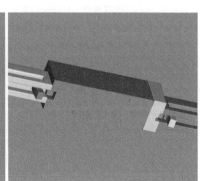

图 9-10 项链扣

钻石套链的制作

1. 分析项链造型

　　图 9-11 所示为基本款项链，其中间镶石部分较宽，活动链条部分相对较窄，项链整体在高度上也有不同。制作时从中间的主体部分开始，由于项链宽度逐渐变化，因此要注意连接钩宽度的变化，如图 9-12 所示。

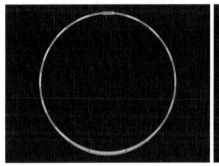

图 9-11 钻石项链

图 9-12 连接钩宽度的变化

2. 准备工作

　　画出直径为 135mm 的圆形曲线，将其往外侧偏移 2mm 作为链条部分的宽度。中间主体部分的宽度为 4mm，将偏移曲线从项链整体中间靠下处往下延伸至 4mm，曲线造型要流畅，并根据图 9-11 对其进行分段，如图 9-13 所示。

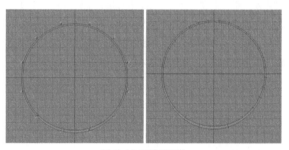

图 9-13 项链轮廓线

3. 制作中间镶石段

STEP 01

按照项链中间段的造型绘制两条导轨线，中间的镶嵌宝石直径最大为 2mm，镶石厚度为 1.2mm。画出高度为 1.2mm 的方形切面，执行"导轨曲面"命令将其成体，如图 9-14 所示。

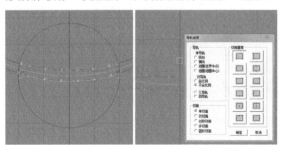

图 9-14 镶石段的成体

STEP 02

沿镶石面边缘制作镶石边。镶石边的宽度为 0.6mm，在与镶石面接触部分留出 0.1mm 的斜面，如图 9-15 所示。注意：绘制镶石边的切面时，斜面的方向要朝向镶石面。

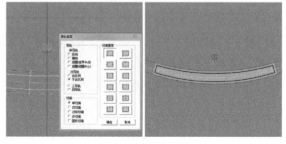

图 9-15 制作镶石边

STEP 03

根据镶石段造型制作底片，底片切面是边长为0.6mm的方形。制作完成后，在正视图中调整其与镶石段的距离，并加入支撑条，如图9-16所示。

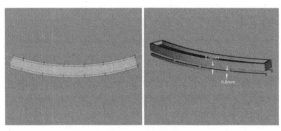

图 9-16 制作底片

4. 制作连接钩

STEP 01

制作连接钩。因为该镶石段位于项链主体中间，所以其两侧的活动连接都是连接钩。制作时注意连接钩的宽度变化，从两侧轮廓线往内侧偏移0.7mm，中间部分为连接钩的宽度。在界面中心制作连接钩，厚度为0.6mm，如图9-17所示。

图 9-17 制作连接钩

STEP 02

将连接钩移动到镶石段的相应位置上，按照连接轴的直径（0.6mm）做好连接钩卡槽，如图9-18所示。

图 9-18 调整连接钩的位置

5. 制作相邻镶石段

STEP 01

按照整体造型制作该镶石段，它与中间镶石段的连接部分宽度要一致。制作连接部分时，在与中间镶石段连接的一端制作连接轴，连接轴的位置、大小要与中间镶石段的连接钩一致，如图9-19所示（连接部分的详细制作方法参照第4章）。

图 9-19 制作相邻连接段

STEP 02

按照整体造型制作每一个相邻的镶石段，并将活动连接做好。从制作光面连接段开始，光面高度慢慢降低，直到整体高度降至2.4mm，如图9-20所示。

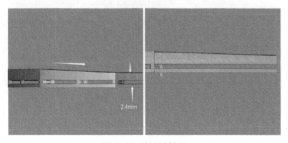

图 9-20 光面连接段

6. 制作光面连接段

STEP 01

按照图9-11所示项链中光面连接段的长度制作活动连接，将其整体高度保持在2.4mm，直至与项链扣连接部分，如图9-21所示。

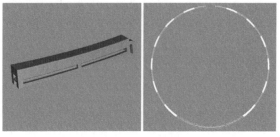

图 9-21 光面连接段

STEP 02

项链扣两边的连接方式为连接钩，所以将项链末端连接段的连接方式修改为两侧相同的连接轴。根据尺寸、款式制作项链扣，完成项链造型的制作，如图9-22所示。

图 9-22 项链造型

7. 镶石

根据镶石面宽度及宝石尺寸的要求进行镶石，完成钻石项链的制作，如图9-23所示。

图 9-23 钻石项链

反转造型轨道镶嵌套链的制作

1. 分析项链造型

图9-24所示的项链造型简单，其中间的主体部分为Y字造型，并且有反转造型轨道镶嵌装饰条。先将主体链条制作出来，再制作装饰条部分，装饰条与主体链条有重叠，需要将其做分件处理，如图9-25所示。

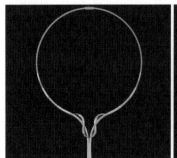 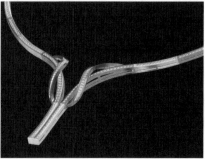

图 9-24 反转造型轨道镶嵌套链

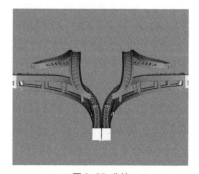

图 9-25 分件

2. 画出基本造型曲线

画出直径为135mm的圆形曲线，使用"任意曲线"工具绘制出主体造型曲线、项链活动分段曲线。主体中圆形宝石的尺寸为1.5mm，根据宝石尺寸、镶石方式调整导轨线的间距，如图9-26所示。

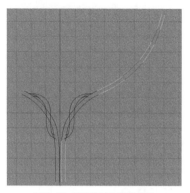

图9-26 项链的基本造型曲线

3. 制作主体链条

STEP 01

主体链条部分的镶石方式为爪镶，两侧有镶石边，根据导轨线的间距画出切面，项链链条的光面部分为弧面，所以在绘制镶石边切面时，要画出镶石边的弧度。执行"导轨曲面"命令将其成体，如图9-27所示。

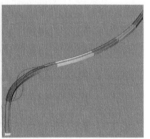

图9-27 主体部分成体

STEP 02

调整曲面造型。对中间Y形部分的造型做调整，抬高并按照箭头方向将其稍做反转，使整体造型有高低层次，如图9-28所示。

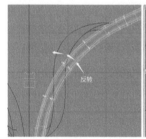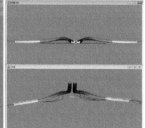

图9-28 调整造型

4. 制作双层物体

STEP 01

在物体两侧沿轮廓描线，将轮廓线分别向内侧偏移0.8mm，使用边长0.8mm的正方形为切面进行成体，并根据整体造型调整其高度，如图9-29所示。

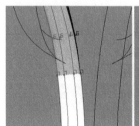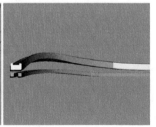

图9-29 制作双层物体

STEP 02

在中间位置每间隔5mm~8mm添加一个支撑条，如图9-30所示。

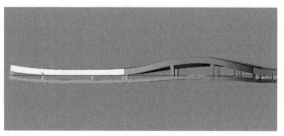

图9-30 支撑条

5. 制作活动连接

在每一个镶石段的两端制作镶石边，完善镶石段。根据项链活动连接的制作方法制作活动连接，如图9-31所示。

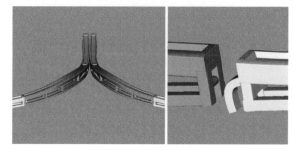

图9-31 项链的活动连接

6. 制作反转装饰条

STEP 01

根据装饰条的造型，画出反转造型的两条导轨曲线，使用"中间曲线"工具偏移曲线，并将它们调整为间距为0.8mm的轨道镶嵌导轨线，如图9-32所示。

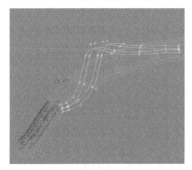

图9-32 轨道镶嵌导轨线

STEP 02

执行"导轨曲面"命令进行成体，注意切面朝向要准确，两条镶石边的斜度要一致，如图9-33所示。

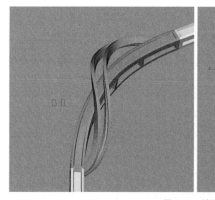 

两条镶石边斜度相同，在同一平面上

图9-33 镶石边

7. 完善造型

主体造型制作完成后，制作项链上半部分的连接段。根据整体造型及连接段的数量制作活动连接及项链扣，完成整体造型的制作，如图9-34所示。

 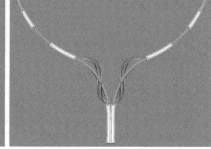

图9-34 项链造型

8. 镶石

圆形宝石的镶嵌较容易，难点在于反转造型轨道中宝石的镶嵌。轨道镶嵌方式较为复杂，在排石时注意宝石角度要与镶石边斜度一致。镶石完成后，将装饰条两端堵好，如图9-35所示。

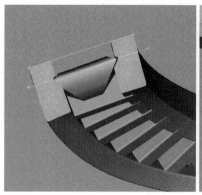 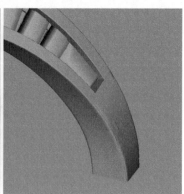

图9-35 轨道镶嵌

9.分件

为方便后期制作，将装饰条与项链主体部分进行分件处理。根据分件的位置制作分件点，完成项链的制作，如图9-36所示。

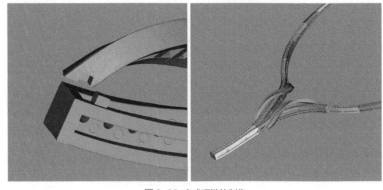

图9-36 完成项链的制作

相关练习——环绕造型项链

制作环绕造型项链，如图9-37所示。

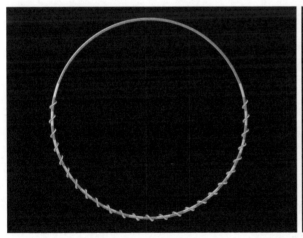 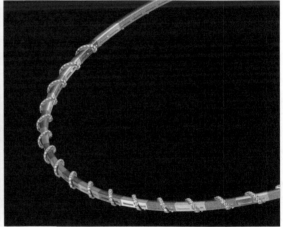

图9-37 项链

参数要求如下。

项链内圈直径为145mm，宝石直径为1.5mm。

制图要求如下。

①造型：曲面转折造型准确。

②尺寸：尺寸精准，符合要求。

第 10 章

腕饰

CHAPTER 10

本章主要介绍几款腕饰的制作及制作方法时的注意事项，在读者进行一定程度的实战练习后，逐步加入较深层的实践内容，可以进一步提高读者运用软件的能力。

腕饰的种类

　　腕饰主要有手镯、手链两种类型，手镯通常为一个整体或者由两段组成，手链是由多个配件组合形成的链条状的腕饰，如图 10-1 所示。

图 10-1 手镯、手链

◆ 手镯

　　制作手镯需要知道手镯的内径，内径根据佩戴者的手腕尺寸而定，一般为 56mm~58mm。手镯的连接扣多为弹力片，也可以根据款式做成弹簧开口样式，如图 10-2 所示。

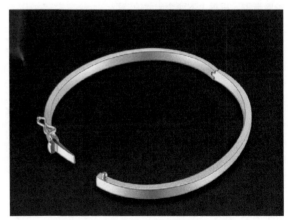

图 10-2 手镯的连接扣

◆ 手链

　　手链的款式多种多样，配件样式更是丰富。手链的长度需要根据佩戴者手腕的尺寸来确定，常用尺寸为 175mm。手链是链条状的，其连接扣选择的范围较大，如手表扣、弹簧扣等。

钻石手镯的制作

1. 分析手镯造型

图10-3所示的手镯为镶嵌钻石款式，制作时主要掌握手镯上半圈和下半圈两端的连接方式：一端为活动轴连接，另一端使用弹力片插入扣箱的方式进行开口、关闭。手镯内圈的款式为通花造型贴底，可保证佩戴的舒适性及整体造型的美观性，如图10-4所示。

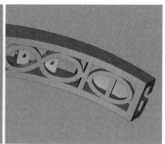

图10-3 钻石手镯

图10-4 手镯造型

2. 制作框架

STEP 01

在正视图中绘制57mm×45mm的椭圆形，将其往外侧偏移4mm，把偏移曲线向上移动1mm，使手镯面高度为5mm，底部厚度为3mm，得到手镯的轮廓造型。根据上下两个半圈的造型分别画出导轨线，如图10-5所示。

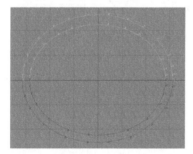

图10-5 导轨线

STEP 02

制作上半圈。分析整体造型并画出切面，使用双导轨线与切面进行成体。在侧视图中根据手镯宽度对其进行复制，并将它们的两端连接起来，如图10-6所示。

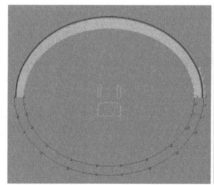
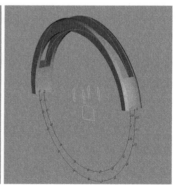

图10-6 手镯上半圈

STEP 03

制作下半圈。在正视图中按照整体造型画出切面，使用双导轨线与切面进行成体。在侧视图中，调整下半圈的尺寸，使其与上半圈连接部分的尺寸一致，如图10-7所示。

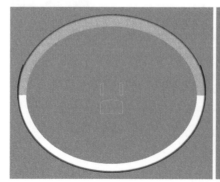

图10-7 手镯框架

3. 制作镶石面

STEP 01

在正视图中，使用"左右对称线"工具沿上半圈造型画出镶石区域，使用"曲线长度"工具测量出镶石区域的长度，如图10-8所示。

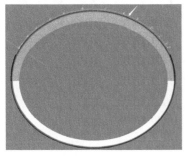

图 10-8 镶石区域

STEP 02

在上视图中制作镶石条，并根据测量出的长度和镶石面的位置排列镶石条。使用"曲面/线 映射"工具将镶石条映射到手镯面上，如图10-9所示。

图 10-9 镶石条

映射步骤如下。

①在侧视图中按照手镯面的弧度、长度画出曲线，选中镶石条，将其移动至横轴线下方，使用"曲面/线 映射"工具，选中"自动探测映射方向及范围"选框，单击"确定"按钮后单击侧面的弧度曲线，如图 10-10 所示。

②将映射后的镶石条向下移动至横轴线下。在正视图中选中镶石条，单击"曲面/线 映射"工具，选中"自动探测映射方向及范围"选框，单击"确定"按钮后单击正视图中表示镶石区域的曲线，完成镶石条的映射，如图 10-11 所示。

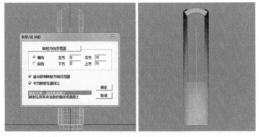

图 10-10 映射

图 10-11 完成映射

4. 完善造型

在手镯上半圈两端用与下半圈相同的金属面连接上下半圈，对下半圈及其他部分进行掏底，留 1.0mm 的厚度，如图 10-12 所示。

5. 制作活动轴

在正视图中画出直径为 3mm 的圆形并将其往内侧偏移 1mm，将两个圆形移动至手镯左侧的活动轴处，根据第 4 章中的方法做出活动轴，调整活动轴，如图 10-13 所示。

图 10-12 掏底

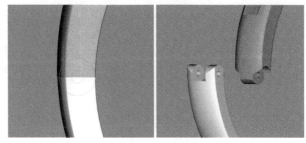

图 10-13 活动轴

6. 制作连接扣

STEP 01

在手镯上半圈右侧制作扣箱，留出8mm来制作扣箱及弹力片。在扣箱上方制作金属条作为弹力片卡位，以此调整弹力片入口高度为1.2mm，如图10-14所示。

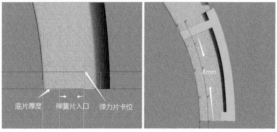

图 10-14 手镯扣箱

STEP 02

在下半圈右侧制作宽4mm、长7mm、厚0.6mm的弹力片，并制作出按压装置：按钮的厚度为1mm、宽度为1.2mm，如图10-15所示。

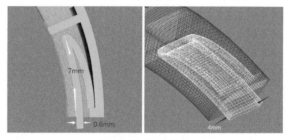

图 10-15 制作弹力片

STEP 03

连接按钮与弹力片的尺寸为宽度1mm，把按压装置与扣箱重合的部分减掉，完成手镯扣的制作，如图10-16所示。

图 10-16 手镯扣

7. 制作贴底

STEP 01

隐藏手镯下半圈。沿手镯上半圈内径画曲线，不包括扣箱、活动轴部分，使用"曲线长度"工具测出该曲线的长度为77.5mm。从下视图中测量出贴底部分的宽度。在上视图中，根据长度和宽度画出辅助线，执行"双导轨"命令，按照整体造型制作贴底，如图10-17所示。

图 10-17 手镯贴底

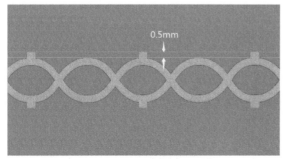

图 10-18 分件位置

STEP 02

确定贴底分件位置。制作边长为0.8mm的立方体作为分件物体，按照7mm~10mm的间距将其放在贴底两侧，使其与贴底重合0.3mm，露出0.5mm。将所有分件物体选中并执行"联集"命令，然后在原位置复制一份，如图10-18所示。

STEP 03

在正视图中选中贴底与分件物体，使用"曲面/线 映射"工具将其映射到内径曲线上。选中一个分件物体，使其高度超出手镯内径，减掉其与手镯重合的部分，得到分件位置。使用相同的方法制作扣箱贴底及手镯下半圈的贴底，如图10-19所示。

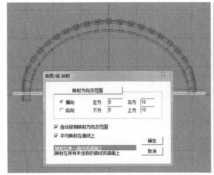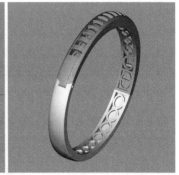

图 10-19 手镯贴底

8. 镶石

制作直径为 1.3mm 的虎爪镶并镶石，完成钻石手镯的制作，如图10-20 所示。

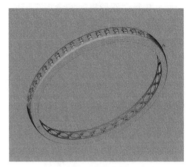

图 10-20 镶石

反转造型轨道镶嵌手链的制作

1. 分析手链造型

图 10-21 所示手链的主体部分为轨道镶嵌宝石，连接方式为环扣连接，装饰条为反转造型并叠加在轨道镶石条上。制作相互叠加的造型时，考虑到后期制作的难度，应该将叠加部分进行分件处理，如图10-22所示。

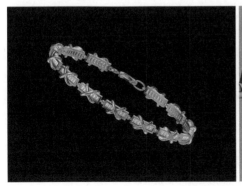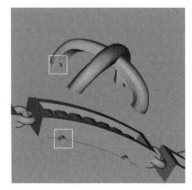

图 10-21 反转造型轨道镶嵌手链 　　　　　　　　　　　　 图 10-22 分件

2. 制作轨道镶嵌连接段

STEP 01

图10-21所示手链的整体长度为170mm，连接扣长度为12mm，每段之间的环扣长2mm。确定轨道镶石段长度为10mm，共13段，如图10-23所示。

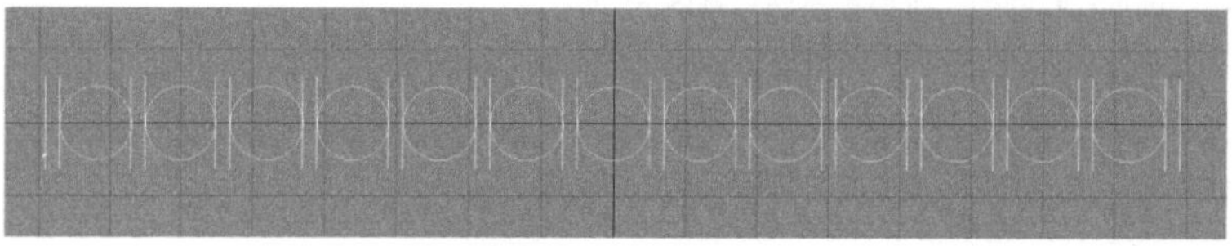

图 10-23 手链连接段

STEP 02

在正视图中画出长度为10mm、间距为1.6mm的双导轨线，以及轨道镶嵌切面，执行"双导轨"命令将它们成体。将轨道镶嵌条略微弯曲，使其与手腕弧度较为贴合，如图10-24所示。

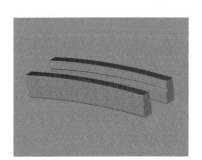

图 10-24 轨道镶石边

STEP 03

使用尺寸为2mm×1.2mm的梯形宝石进行镶嵌，注意，镶石条两端在封口时不要扣住宝石，如图10-25所示。

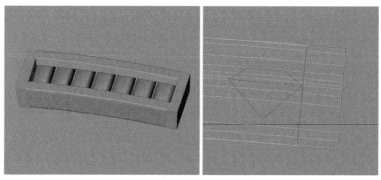

图 10-25 轨道镶石段

3. 制作反转装饰条

STEP 01

在上视图中，根据反转造型绘制双导轨曲线，在侧视图和正视图中调整导轨曲线，使其符合反转造型的要求。调整完成后画出弧形切面，执行"双导轨"命令将其成体并调整其造型，如图10-26所示。

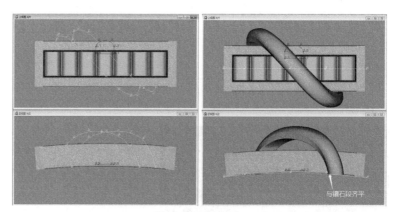

图 10-26 反转装饰条

STEP 02

在上视图中，将反转装饰条进行上下复制，调整它们的层次并确定分件位置，如图10-27、图10-28所示。注意：在反转造型的成体过程中，为使造型美观，可反复调整导轨曲线，避免出现过度调整CV点而发生变形的情况。

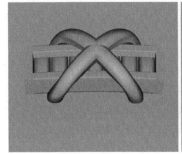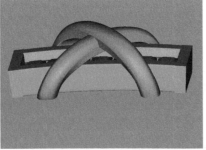

图 10-27 调整装饰条　　　　　　　　　　图 10-28 分件位置

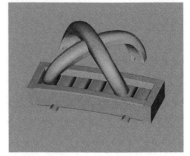

4. 制作活动连接

使用"管状曲面"工具制作内径为 0.6mm、外径为 0.6mm 的圆环，复制并反转圆环，将每个连接段进行连接，装上扣头，完成手链的制作，如图 10-29、图 10-30 所示。

图 10-29 连接手链　　　　　　　　　　图 10-30 手链

手链的连接方式较项链来说更为灵活，会较多地使用环扣连接方式，尤其是款式简单的手链。手链连接扣的种类也有很多，如龙虾扣、蛇形扣、手表扣等。

相关练习——钻石手链

制作钻石手链，如图 10-31 所示。

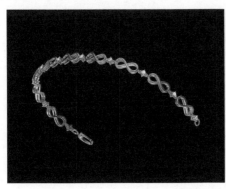

图 10-31 钻石手链

参数要求如下。

手链总长为 175mm，圆形宝石直径为 2mm。

制图要求如下。

①造型：曲面造型准确，连接部分造型合理。

②尺寸：尺寸精准，符合要求。

第 11 章

情侣戒指

CHAPTER 11

本章的主要内容为根据图纸制作情侣戒指，图纸中给出了相关的制作要

求，如尺寸、重量、戒圈号等，制作时需要准确地提取图纸中的信息。

相关信息确认

情侣戒指的图纸如图11-1所示。

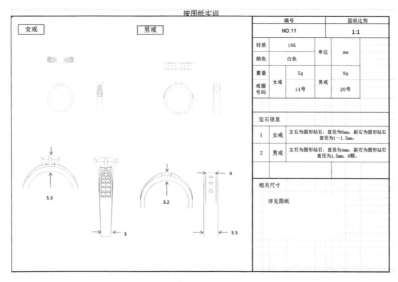

图 11-1 情侣戒图纸

在制作戒指之前，对图纸中的信息进行确认是非常重要的一个步骤，这关乎建模最终结果的准确性。该图纸中的信息主要包括戒圈号码、宝石尺寸与数量、戒指材质及重量等。

1. 戒圈号码

女戒是14号，直径为16.9mm；男戒是20号，直径为19.2mm。

2. 宝石要求

女戒主石为圆形钻石，直径为6mm；副石为圆形钻石，直径为1mm~1.5mm，数量无要求。男戒主石为圆形钻石，直径为4mm；副石为圆形钻石，直径为1.5mm，6颗。

3. 重量要求

女戒重量为5g，男戒重量为9g。

女戒的制作

1. 分析戒指造型

女戒戒臂两侧镶石，镶石层与底层戒臂重合，可分两层进行制作，注意镶石面及层次差的处理，如图11-2所示。

2. 制作戒圈

画出直径为 16.9mm 的戒指内圈，偏移曲线 1.5mm，调整外圈至戒底厚度 1.2mm、戒面部分厚度 1.8mm。绘制方形切面，执行"双导轨"命令将其成体，并按照图纸中的要求调整侧视图中的尺寸，如图 11-3 所示。

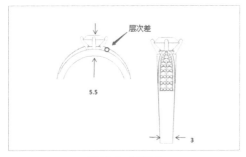

图 11-2 分析造型

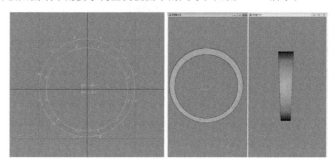

图 11-3 戒圈

3. 镶嵌主石

STEP 01

调出直径为6mm的圆形宝石，在正视图中按照镶爪的造型，以0.8mm为最小尺寸制作镶爪，在上视图中对其进行旋转复制，如图11-4所示。

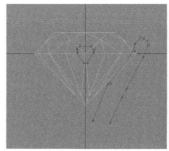
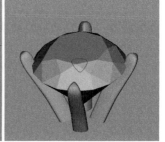

图 11-4 主石镶爪

STEP 02

在正视图中，在宝石底部使用"纵向环形对称曲面"工具制作环形，高度为1mm，完成主石的镶嵌。选中主石镶嵌部分，根据戒指整体高度将其移动至戒圈上方，如图11-5所示。

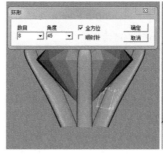
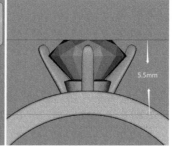

图 11-5 镶嵌主石

4. 镶嵌副石

STEP 01

在正视图中，沿主石镶爪位置并高于第一层戒圈1mm开始绘制曲线，至戒圈中间部分使其与第一层戒圈重合，将该曲线往戒圈方向偏移1.5mm。在戒面中心绘制带有镶石边的切面，镶石边宽度为0.3mm。执行"双导轨"命令进行成体，如图11-6所示。

图 11-6 镶石层

STEP 02

在上视图中，根据图纸中的造型使用"任意曲线"工具画出镶石面，并使用"移动"工具对其进行调整，如图11-7所示。

图 11-7 镶石面

STEP 03

为第一层戒圈掏底，留0.8mm的厚度。将镶石面左右复制，制作镶石部分末端的镶石边，并使用合适的曲面将高出镶石面的戒圈部分减掉，如图11-8所示。

图 11-8 掏底并调整镶石面

5. 镶石

在界面中心镶嵌宝石，从镶石条的底部开始镶石，要求宝石大小过渡自然，镶爪排列得合理、紧密，如图 11-9 所示。

图 11-9 镶石

6. 完成制作

女戒如图 11-10 所示。

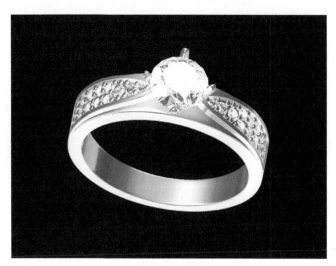

图 11-10 女戒

男戒的制作

1. 分析戒指造型

该男戒与女戒戒臂上的双层造型相同，但两者的镶石方式不同，男戒的镶石方式为逼迫镶，制作时注意留出镶石厚度。男戒戒面较宽，掏底时要注意双层结构之间的关系，如图 11-11 所示。

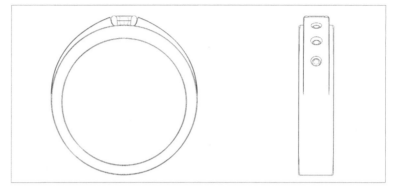

图 11-11 男戒

2. 制作戒圈

画出直径为 19.2mm 的戒指内圈，偏移曲线 2mm，调整外圈至戒底厚度 1.5mm、戒面部分厚度 2mm。绘制方形切面，执行"双导轨"命令将其成体，并按照图纸中的要求调整侧视图中的宽度为 5.5mm，如图 11-12 所示。

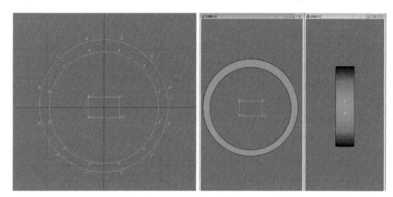

图 11-12 戒圈

3. 镶嵌主石

调出直径为 4mm 的圆形宝石，制作 4 个直径为 0.8mm 的圆形镶爪，将镶爪、宝石移动至戒面上，根据相关要求调整它们的位置，如图 11-13 所示。

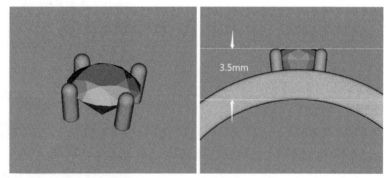

图 11-13 镶嵌主石

4. 镶嵌副石

在正视图中，从主石部分高于戒圈 1.2mm 的位置开始画线至戒圈中间部分，将该曲线偏移 1.5mm；按照戒圈轮廓调整曲线的距离，将宽度为 4mm 的方形切面成体，如图 11-14 所示。

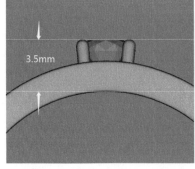
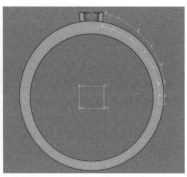

图 11-14 镶石面

在正视图中调出直径为 1.5mm 的圆形宝石，根据包镶的结构特点，制作包镶透孔物体。将宝石、透孔物体移动至横轴线下方距离扣住宝石的位置 0.5mm 处，使用"剪贴"工具将其粘贴在镶石面的相应位置上，如图 11-15 所示。

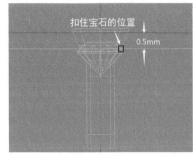
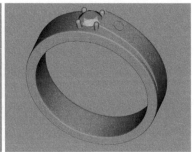

图 11-15 镶石

5. 掏底

戒指整体为双层造型，可分开制作掏底物体再组合。制作戒圈掏底物体，留 0.8mm 的厚度。镶石层掏底厚度为两侧 0.8mm，镶石部分厚度为 1.2mm。为减轻重量，可将两个宝石之间的掏底厚度调整为 0.8mm，如图 11-16 所示。

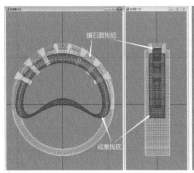
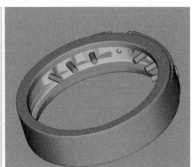

图 11-16 掏底

6. 完善造型

在主石两侧制作弧形物体，其两侧与镶石面自然连接，厚度为 1mm，在上视图中的宽度为 4mm。在主石下方制作 1mm 的宝石透孔，在副石部分使用透孔物体减掉戒臂，形成宝石镶口，完成男戒的制作，如图 11-17 所示。

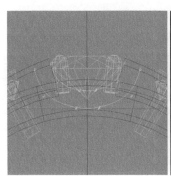

图 11-17 完善造型

输出准备

◆ 检查重量

女戒要求的重量为 5g。将所有宝石隐藏，执行"测量"子菜单中的"重量"命令，在弹出的对话框的"相对密度"下拉列表框中，选择"16.477[黄金（18K）]"选项，单击"确定"按钮后进行称重，弹出"JewelCAD"对话框，女戒重量约为 4.94g，符合要求，如图 11-18 所示。

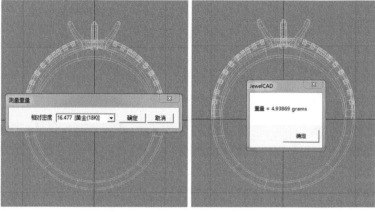

图 11-18 女戒称重

男戒要求的重量为 9g，称重结果约为 8.8g，符合要求，如图 11-19 所示。

注意：称重时要隐藏宝石，若首饰中的宝石较多，应对照宝石重量表将宝石重量计算出来，一并计入金属的称重重量中。

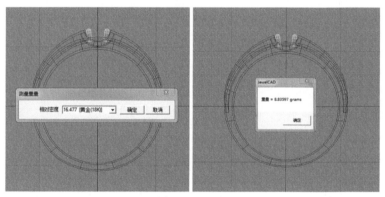

图 11-19 男戒称重

◆ 焊接水口

在 JewelCAD 中完成首饰的建模后，进行输出准备工作。先将戒指模型中的宝石全部删除，并检查宝石透孔是否完全正确；其次在戒指模型恰当的位置上焊接水口，戒指上的水口通常位于底部，水口形状为圆柱形。为使水口不影响其与戒指接触部分的造型，该部分水口为椭圆形，以大限度减小接触面。水口的大小与首饰模型的大小相关，这里使用主体直径为 3mm 的水口即可，如图 11-20 所示。

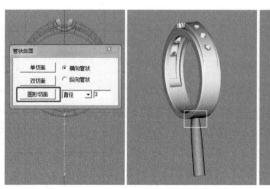

图 11-20 输出

第 12 章

异形珍珠
三件套

CHAPTER 12

本章的主要内容为异形珍珠三件套的制作，异形珍珠不同于形状规则的

宝石，制作时需要准确把握其造型，才能保证后期顺利完成组装。

异形珍珠首饰造型分析及重量分配

异形珍珠三件套的图纸如图 12-1 所示。

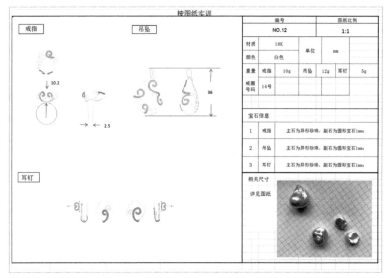

图 12-1 异形珍珠三件套图纸

　　图 12-1 所示三件套以异形珍珠为主石，制作前要把异形珍珠的形态、尺寸准确地表现出来，较为复杂的异形珍珠可以借助 3D 扫描设备制作，金属部分要以异形珍珠为准进行制作。

1. 造型分析

　　图 12-1 所示三件套为花纹缠绕造型，由于珍珠具有弧度，制作时可将花纹分为上视图花纹、侧视图花纹和正视图花纹，分别在相应的视图中制作。花纹造型要贴合异形珍珠的弧度；在珍珠背面制作贴底，在贴底部分制作通花造型，贴底与正面造型的连接要自然合理，尤其是戒指、耳饰的贴底部分，注意其与戒圈、耳拍连接部分的处理，如图 12-2 所示。

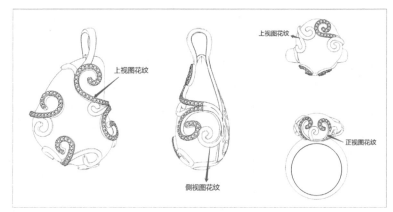

图 12-2 造型分析

2. 重量分配

　　三件套要求的总重量为 27g，其中吊坠 12g，耳钉 5g，戒指 10g。

吊坠的制作

1. 制作异形珍珠

　　根据珍珠正面造型画出珍珠的轮廓线，找到珍珠中最圆的位置，将轮廓线中的对应位置移动至界面中心。在侧视图中观察珍珠顶部及底部的造型，画出其中一个切面。在正视图中观察珍珠，画出另外一个切面，执行"导轨曲面"命令，选中"迴圈（世界中点）""多切面"选项进行成体，如图12-3所示。

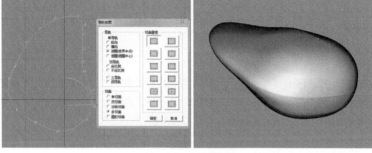

图 12-3 制作异形珍珠

2. 制作花纹造型

STEP 01

将图纸导入界面背景中，按照相关尺寸调整珍珠大小并将其放在界面中心位置，使图纸中的珍珠与界面中的珍珠重合，如图12-4所示。

图 12-4 导入背景图

STEP 02

在上视图中，使用"任意曲线"工具根据背景图画出花纹，取消显示背景图。绘制每一个花纹的双导轨线，光面部分导轨线的间距为1mm，镶石部分导轨线的间距为1.2mm，也就是镶石面的宽度为1.2mm。在正视图、侧视图中，根据珍珠造型、厚度调整导轨线，使导轨线从珍珠底部顺畅地反转到珍珠面上，如图12-5所示。

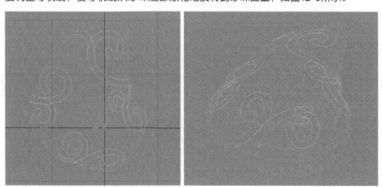

图 12-5 花纹导轨线

STEP 03

绘制弧形切面，执行"双导轨"命令将光面部分的花纹成体。绘制高度为1mm的方形切面，将镶石部分的花纹成体，镶石厚度为1mm。若花纹不能与珍珠贴合，检查并调整花纹即可，如图12-6所示。

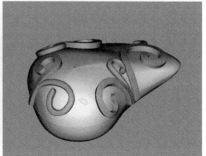

图 12-6 成体并调整

3. 制作吊坠扣部分

　　根据吊坠扣的造型画出双导轨曲线，在侧视图中调整曲线，使吊坠扣空隙大于4mm×7mm，执行"双导轨"命令将其成体，如图12-7所示。

图 12-7 制作吊坠扣

4. 制作珍珠贴底

STEP 01

在底视图中，根据珍珠底部的造型画出单导轨线、切面，切面厚度为0.8mm，切面中的CV点数量应适当多一些，成体后根据珍珠底部的凹凸造型调整贴底，如图12-8所示。

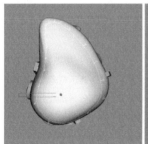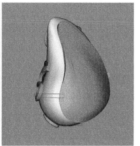

图 12-8 贴底

STEP 02

根据图纸在正视图、侧视图中制作中间的花纹造型，并将其与贴底连接起来。调整连接处，使其自然流畅，如图12-9所示。

图 12-9 连接贴底

STEP 03

根据图纸中的贴底造型，使用"直线延伸曲面"工具制作贴底镂空部分，执行"布林体"子菜单中的"相减"命令减掉贴底，如图12-10所示。

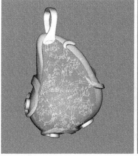

图 12-10 贴底通花

5. 确定分件位置

　　在上视图中，将左下方两个花纹进行分件处理，分件方式为在珍珠的相应位置上打孔，在镶石段上焊针，如图12-11所示。

6. 制作镶石部分

　　制作直径为1mm的圆形镶嵌宝石，使用单排密钉镶的方式进行镶石操作，如图12-12所示。

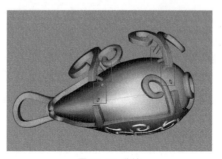

图 12-11 分件

图 12-12 镶石

戒指的制作

1. 制作异形珍珠

在多个视图中观察珍珠造型，画出单导轨线及两个切面，在正视图中观察珍珠，画出另外一个切面，执行"导轨曲面"命令，选中"迴圈（世界中点）""多切面"选项进行成体，如图12-13所示。

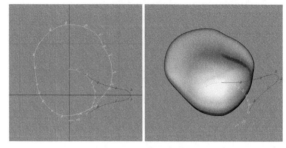

图 12-13 制作异形珍珠

2. 制作戒圈

STEP 01

根据戒圈号码画出戒圈内径曲线，将曲线偏移2mm，并调整戒圈外轮廓线，使戒底厚度为1.3mm，使用弧形切面进行成体，如图12-14所示。

STEP 02

在侧视图中，调整戒臂造型为上宽下窄形，上端的宽度为5mm，戒底宽度为2.5mm，如图12-15所示。

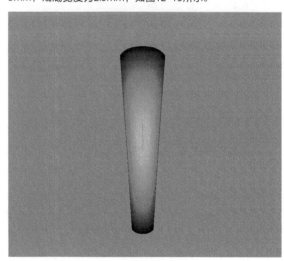

图 12-15 调整戒圈

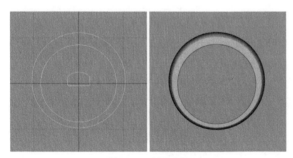

图 12-14 制作戒圈

3. 制作花纹造型

STEP 01

将异形珍珠移动至戒面上，并根据图纸中要求的高度确定其位置。在底视图中，制作尺寸为8mm×11mm的椭圆形作为底片，使用"曲面/线 映射"工具将其投影到戒指底部，并稍做调整，如图12-16所示。

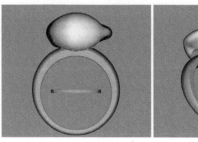

图 12-16 珍珠贴底

STEP 02

按照图纸中的花纹造型，在上视图中绘制部分花纹，在正视图中使用"曲面/线 投影"工具将其投影到珍珠上，并进行相应调整，如图12-17所示。

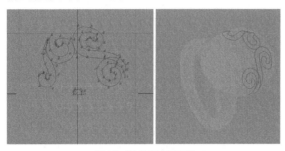

图 12-17 花纹导轨线①

STEP 03

另一部分花纹在正视图中显示得较完整，所以在正视图中绘制该部分花纹，在侧视图中使用"曲面/线 投影"工具将其投影到珍珠上，并进行相应调整，如图12-18所示。

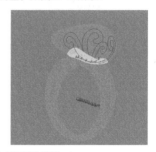

图 12-18 花纹导轨线②

STEP 04

画出切面，根据镶石面与光面造型选择不同的切面进行成体，并进行相应调整，使花纹贴合珍珠，如图12-19所示。

图 12-19 花纹成体

STEP 05

在背视图中延长部分花纹至能与底片连接，如图12-20所示。

图 12-20 连接贴底

4. 镶石

制作直径为1mm的圆形镶嵌宝石，使用单排密钉镶的方式进行镶石操作，如图12-21所示。

图 12-21 完成戒指

耳钉的制作

1. 制作异形珍珠

在多个视图中观察珍珠造型，画出单导轨线及切面，执行"导轨曲面"命令，选中"迴圈（迴圈中心）""多切面"选项进行成体，如图12-22所示。

2. 制作花纹造型

STEP 01

在上视图中，根据图纸中耳钉上的花纹形状画出双导轨线。在正视图中使用"曲面/线 投影"工具调整花纹造型，使其包裹住异形珍珠，如图12-23所示。

STEP 02

画出镶石切面及光面切面，执行"双导轨"命令进行成体，成体后调整花纹与异形珍珠的关系，使其不与珍珠重合，如图12-24所示。

STEP 03

在背视图中，根据上视图中的造型将花纹反转到底部以制作圆形贴底。在贴底与正面花纹之间使用插针进行固定，后期制作时可在珍珠的相应位置上打孔，如图12-25所示。

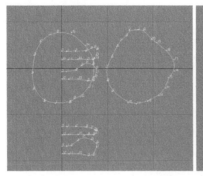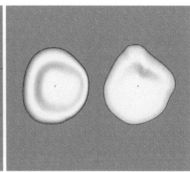

图 12-22 制作异形珍珠

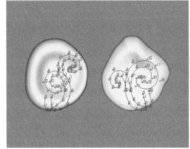

图 12-23 花纹导轨线

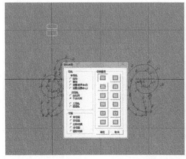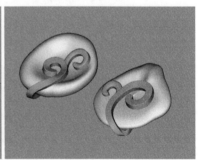

图 12-24 花纹成体

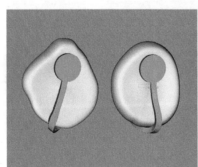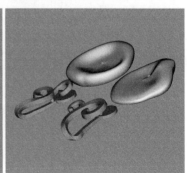

图 12-25 分件

3. 镶石并完善配件

　　制作直径为 1mm 的圆形镶嵌宝石，进行镶嵌操作，在合适的位置制作耳针，如图 12-26 所示。

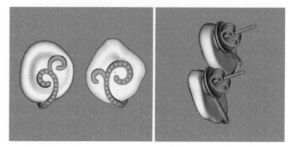

图 12-26 完善配件

输出准备

◆ 检查重量

　　吊坠重量：金属部分的重量为 9.46g，珍珠的重量为 1.8g，总重量为 11.26g，符合要求。

　　戒指重量：金属部分的重量为 8.36g，珍珠的重量为 1.5g，总重量为 9.86g，符合要求。

　　耳钉重量：金属部分的重量为 4.1g，珍珠的重量为 0.5g，总重量为 4.6g，符合要求。

◆ 分件及焊接水口

　　在焊接水口时要注意支撑部分分布的合理性，以确保后续工作的顺利进行。

1. 吊坠

　　吊坠水口如图 12-27 所示。

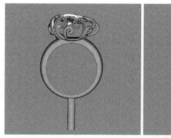

图 12-27 吊坠水口

2. 戒指

　　戒指水口如图 12-28 所示。

图 12-28 戒指水口

3. 耳钉

　　耳钉水口如图 12-29 所示。

　　注意：焊接水口时，悬空部分较多，水口的分布尤为重要，既要防止首饰变形，还要考虑首饰喷蜡后的牢固性。请根据现有的工艺水平选择输出方式。

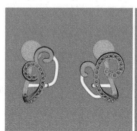
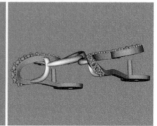

图 12-29 耳钉水口

第13章

蝶恋花套链

CHAPTER 13

本章主要内容为根据图纸制作套链，除了要准确读取图纸中的信息外，还需要注意套链中镶石、连接、分件等部分的制作要求。

制作项链

◆ 相关信息确认

该系列首饰为四件套，包含项链、戒指、耳饰、手镯，其中项链、手镯的造型较为复杂，戒指、耳饰的造型相对简单一点，如图 13-1、图 13-2 所示。

图 13-1 蝶恋花图纸①

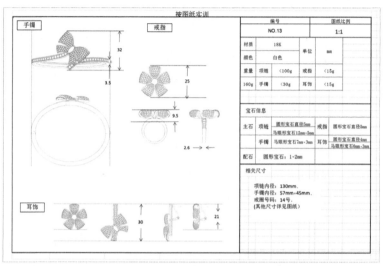

图 13-2 蝶恋花图纸②

1. 重量要求

重量小于100g。

2. 颈围

颈围尺寸为420mm。

3. 宝石要求

主石1：圆形宝石，直径为5mm。

主石2：马眼形宝石，尺寸为12mm×5mm。

配石：圆形宝石，直径为1mm~1.75mm。

◆ 分析造型

图 13-1 所示项链由项链主体、花和蝴蝶组成，制作时注意花、蝴蝶两个主要造型之间的关系，从图中可以看出，花高于蝴蝶，蝴蝶飞向花。为后期制作考虑，将这两个主要物体进行分件处理，注意分件方式。

◆ 确认连接位置与连接方式

在制作项链时，需要注意一些细节部分，如蝴蝶与花下方连接段的连接方式为环扣连接，如图 13-3 所示。

图 13-3 连接位置与连接方式

◆ 完成并确认整体造型

1. 制作项链主体的基本造型

STEP 01

画出内径为135mm的项链曲线，使用"任意曲线"工具绘制出主体造型、项链活动分段曲线，如图13-4所示。

图 13-4 项链轮廓

STEP 02

从项链中间开始制作配件，根据连接段长度绘制双导轨线。该连接段的镶石方式为爪镶，两侧有镶石边，根据导轨线的间距画出切面，执行"双导轨"命令进行成体，如图13-5所示。

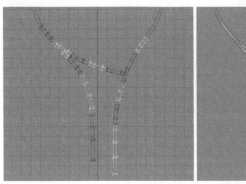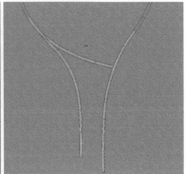

图 13-5 制作中间造型

STEP 03

在侧视图中调整连接段的高低层次。将花与蝴蝶对应的连接段降低，将结束部分放平，如图13-6所示。

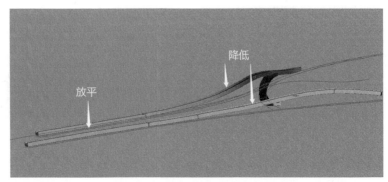

图 13-6 调整造型

STEP 04

调出制作项链主体的导轨线，制作每一个连接段的双层结构，厚度为0.8mm，宽度为0.8mm。双层造型以主体造型为准，略有调整，如图13-7所示。

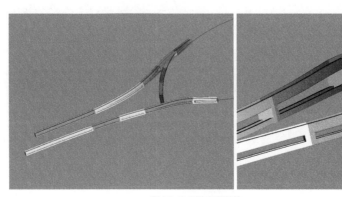

图 13-7 制作双层结构

2. 制作花

STEP 01

在隐藏界面的中心制作直径为5mm的圆形宝石碗，镶爪数量为5个。在侧视图中，按照花瓣造型画出导轨线、切面，根据切面的整体高度偏移导轨线，执行"双导轨"命令进行成体，如图13-8所示。

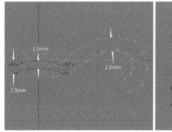

图 13-8 制作花瓣大形

STEP 02

在上视图中，根据花瓣造型画出曲线并使用"移动"工具调整曲线，注意保持镶石边的宽度不变，如图13-9所示。

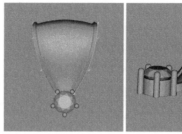

图 13-9 调整花瓣造型

STEP 03

在侧视图中延伸花瓣底部，画出双导轨线，使用弧形切面进行成体，并调整其宽度。为减轻重量而又不影响美观，在花瓣底部做镂空处理，如图13-10所示。

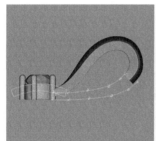

图 13-10 完成花瓣的制作

STEP 04

将花瓣整体联集起来，使用"环形复制"工具完成花的制作，并将花整体联集起来。复制过程中，注意花瓣之间细节部分的处理，如图13-11所示。

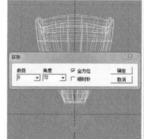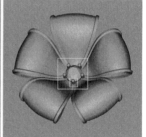

图 13-11 完成花的制作

STEP 05

将花移动至项链的相应位置，根据图纸中的造型调整花与项链连接段之间的位置关系，并注意确定分件位置，如图13-12所示。

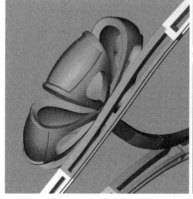

图 13-12 确定花的位置

3. 制作蝴蝶造型

STEP 01

在界面中心按照宝石尺寸（12mm × 5mm）制作马眼形宝石碗，使用V形爪镶嵌。在正视图中，根据蝴蝶翅膀的大小及形状画出导轨线、切面，执行"双导轨"命令将其成体，并调整其宽度、造型，如图13-13所示。

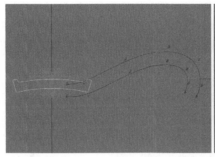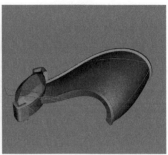

图 13-13 制作蝴蝶造型

STEP 02

根据上一步的方法制作下方翅膀并调整其造型，下方翅膀较小，幅度不宜太大。完成后在镶石结束部分制作镶石边，并进行左右对称处理，完成蝴蝶的制作，如图13-14所示。

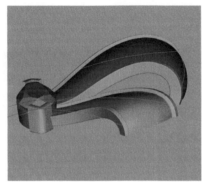

图 13-14 完成蝴蝶的制作

STEP 03

将蝴蝶翅膀、宝石碗进行联集，移动至项链上的相应位置，调整蝴蝶与项链连接段的关系，注意蝴蝶其中一个翅膀与另一边的连接段有连接关系，所以这两个部分的高低层次不能太大，如图13-15所示。

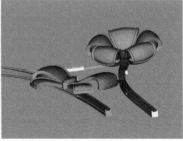

图 13-15 完善造型

STEP 01

为每个镶石段两端制作镶石边，制作段之间的连接与项链后半圈的连接段，如图13-16所示。

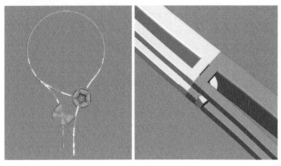

图 13-16 制作连接部分

STEP 02

在较长连接段的恰当位置放置圆柱支撑条，使用环扣连接花另外一边的连接段与花，所以在花底部连接段的相应位置放置支撑条，在连接处制作横向环扣，如图13-17所示。

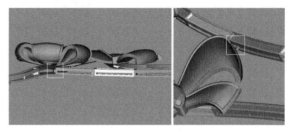

图 13-17 特殊位置的连接

STEP 03

花、蝴蝶需要分件制作，在进行镶石之前要完成分件处理，对每一个部分使用插两根针的方式进行分件，如图13-18所示。

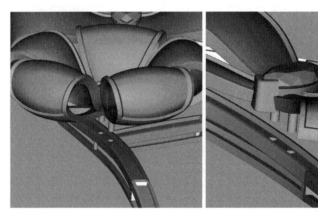

图 13-18 分件

◆ 镶嵌宝石

制作或调出直径为 1mm~1.75mm 的镶嵌宝石，先为项链连接段镶石，再为花、蝴蝶镶石。

STEP 01

为项链连接段镶石，并空出分件位置，如图13-19所示。

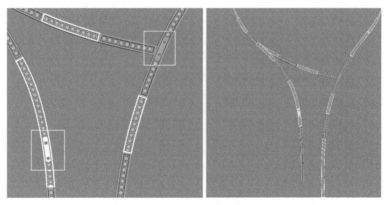

图 13-19 为项链连接段镶石

STEP 02

为花、蝴蝶镶石，注意镶石面边缘要尽可能地镶石，若有空隙，则用空爪填充。注意反转底部透孔的处理，避免出现多个透孔交叉的情况，如图13-20所示。

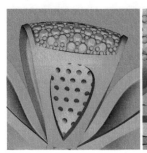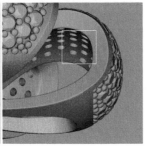

图 13-20 镶石

STEP 03

完善细节部分，根据相关要求选择合适的材质，效果如图13-21所示。

图 13-21 效果图

戒指的制作

◆ 分析造型

　　戒指的造型较为简洁，以花为主体造型，与手镯中的蝴蝶元素一同构成"蝶恋花"主题。戒指中的花较大，将其分件处理更有利于后期制作。

◆ 完成造型

STEP 01

制作花。使用直径为5mm的圆形宝石制作花中心的宝石碗，参考项链中的花，按照相关尺寸制作戒指上的花，如图13-22所示。

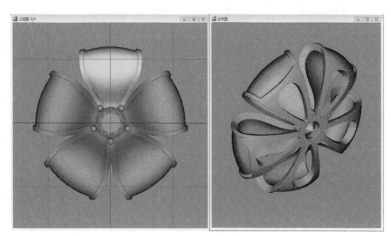

图 13-22 制作花

STEP 02

制作戒圈。画出直径为16.9mm的戒指
内径曲线，并画出戒臂外轮廓。根据花
底部宝石碗的大小制作圆环，并将其放
在戒圈上。根据镶石位置画出镶石面的
双导轨线，使用镶石边切面进行成体，
如图13-23所示。

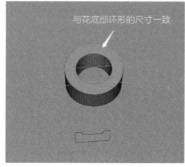
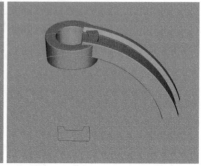

与花底部环形的尺寸一致

图 13-23 制作戒圈

STEP 03

调整镶石部分的戒臂，使其与戒圈大小
一致，并制作出戒指的下半圈。在侧视
图中，根据图纸中的要求调整戒指尺
寸，如图13-24所示。

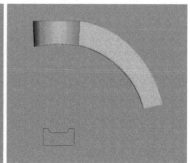

图 13-24 完成戒圈的制作

STEP 04

完善戒指造型，在花与戒圈相连的部分制作分件点，如图13-25所示。

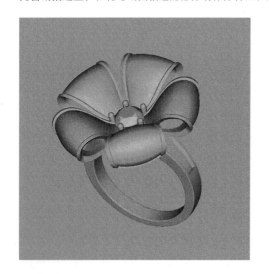
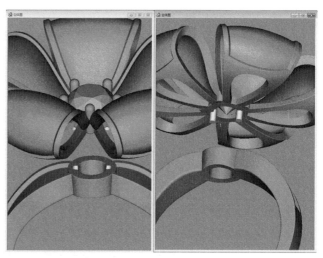

图 13-25 分件

◆ 镶嵌宝石

STEP 01

根据戒臂宽度选择合适的宝石镶嵌在戒臂上，如图13-26所示。

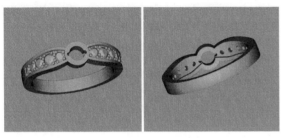

图 13-26 将宝石镶嵌在戒臂上

STEP 02

为戒指主体镶嵌宝石，如图13-27所示。

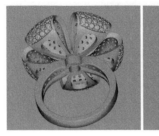

图 13-27 镶石完成

手镯的制作

◆ 分析造型

图 13-2 所示手镯的连接方式为弹力扣连接，主要造型为蝴蝶，手镯主体部分的款式为交互型；蝴蝶部分较为突出，可将其分件制作。

◆ 完成造型

1. 制作手镯主体部分

STEP 01

在正视图中绘制尺寸为57mm×45mm的椭圆形手镯内圈曲线，将其偏移3.5mm作为手镯外轮廓。根据上半圈造型画出上半圈一侧的导轨线及切面，如图13-28所示。

图 13-28 上半圈导轨线及切面

STEP 02

执行"双导轨"命令进行成体，制作末端镶石边。在上视图中将其旋转180°并复制，并为其掏底，留1.2mm的镶石厚度，如图13-29所示。

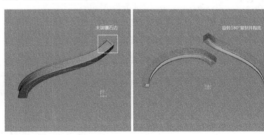

图 13-29 上半圈成体并掏底

STEP 03

制作手镯下半圈。根据手镯轮廓线画出双导轨线，使用弧形切面将其成体。成体后为其掏底，留0.8mm的厚度，如图13-30所示。

图 13-30 手镯主体

STEP 04

制作活动连接及连接扣。在手镯左侧制作活动连接，参考第4章中的方法。在手镯上半圈右侧制作扣箱，留出9mm制作扣箱及弹力片，制作曲面将扣箱的镶石面堵上，并调整该部分的掏底厚度为0.8mm，如图13-31所示。

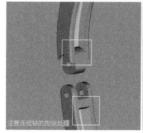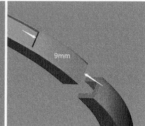

图 13-31 手镯的活动连接

STEP 05

在扣箱上方制作金属条作为弹力片卡位，调整弹力片的入口高度为1.2mm，底片厚度为0.8mm。在下半圈右端制作宽度为2mm、长度为7mm、厚度为0.6mm的弹力片，如图13-32所示。

图 13-32 扣箱

STEP 06

在弹力片上制作按压装置，按钮厚度为1mm、宽度为1.2mm，连接按钮与弹力片的尺寸为宽度1mm，把按压装置与扣箱重合的部分减掉，完成手镯扣的制作，如图13-33所示。

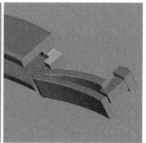

图 13-33 弹力片

STEP 07

制作扣箱的底片。根据扣箱底部的开口尺寸制作曲面，厚度为0.8mm，根据相关要求制作通花，完成手镯连接部分的处理，如图13-34所示。

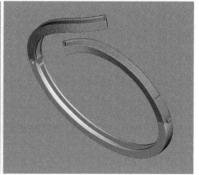

图 13-34 扣箱底片

2. 制作蝴蝶并完善造型

STEP 01

制作蝴蝶造型。使用尺寸为7mm×3mm的马眼形宝石制作宝石碗，参考项链中的蝴蝶，按照相关尺寸制作手镯上的蝴蝶，如图13-35所示。

STEP 02

将蝴蝶造型移动至手镯的相应位置，并调整其位置。调整后，将手镯右半圈的蝴蝶翅膀向下拉长，使其与手镯主体产生接触，如图13-36所示。

图 13-35 蝴蝶造型

STEP 03

确定分件位置。在蝴蝶翅膀与手镯镶石面的接触处放置圆环，并插针将此处作为分件位置，在手镯另一侧的马眼宝石碗下方确定分件位置，如图13-37所示。

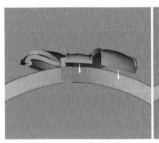 

图 13-36 蝴蝶位置

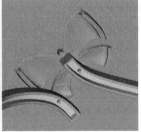

图 13-37 分件

STEP 04

在底视图中，使用金属条将手镯上半圈的两个部分连接起来，并在它们之间填充图案，使用"曲面/线 投影"工具将其投影到与手镯内圈一致的部分，如图13-38所示。

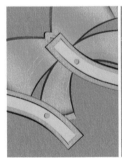  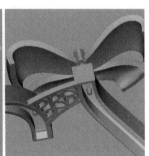

图 13-38 蝴蝶贴底

◆ 镶嵌宝石

STEP 01

为手镯主体镶嵌宝石，如图13-39所示。

图 13-39 镶嵌宝石

STEP 02

为蝴蝶镶嵌宝石，如图13-40所示。

图 13-40 完成宝石的镶嵌

制作耳饰

◆ 分析造型

该耳饰为左右不对称款式，右侧为单一的花形，左侧为蝴蝶造型的耳坠，其中左侧蝴蝶朝向右侧花，以此表现"蝶恋花"的主题。

◆ 完成造型

STEP 01

制作花形耳饰。使用4mm的圆形宝石，根据图纸中的尺寸制作花。在侧视图中，在花底部制作耳拍（参考第4章中的方法），如图13-41所示。

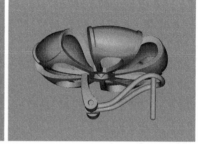

图 13-41 花形耳饰

STEP 02

制作镶石段。按照图纸中的尺寸制作两个镶石段，两个镶石段使用轴连接，在第一个镶石段侧视图的下方制作耳拍，如图13-42所示。

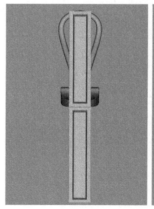
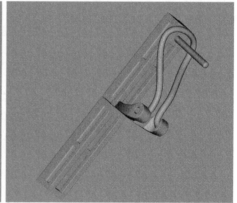

图 13-42 镶石段

STEP 03

制作蝴蝶部分。制作出蝴蝶造型，将蝴蝶移动至第二个镶石段上，并调整其位置，将蝴蝶朝向右侧的花，如图13-43所示。

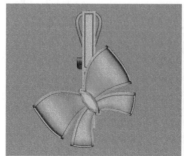
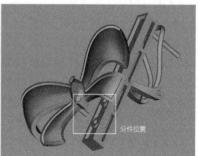

分件位置

图 13-43 分件

◆ 镶嵌宝石

STEP 01

为花形耳饰镶石，如图13-44所示。

图 13-44 为花形耳饰镶石

STEP 02

为蝴蝶耳饰镶石，如图13-45所示。

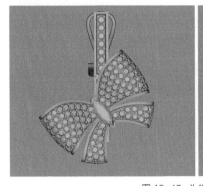

图 13-45 为蝴蝶耳饰镶石

输出准备

◆ 重量检查

项链重量：金属部分的重量为93g，宝石的重量为6.8g，总重量为99.8g。

戒指重量：金属部分的重量为12.4g，宝石的重量为1.61g，总重量为14.01g。

手镯重量：金属部分的重量为28g，宝石的重量为1.24g，总重量为29.24g。

耳饰重量：金属部分的重量为11.5g，宝石的重量约为1.4g，总重量为12.9g。

总重约为158g，符合要求（小于160g）。

◆ 分件及焊接水口

在输出文件之前，需要把所有活动部分、分件取下来单独放置，并焊接水口。在做分件处理前，把当前文件另存为输出文件，并保留一份原始文件。

1. 项链

STEP 01

将活动连接段部分隐藏，留下中间的主体部分。删除所有宝石，对每一个需要分开的部分进行联集处理，把所有单独活动的部分分开，并将小的配件两个一组连在一起，如图13-46所示。

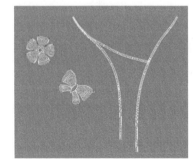

图 13-46 分开处理

STEP 02

在蝴蝶的两个翅膀之间焊接水口以进行加固，在花的底部焊接水口，如图13-47所示。

STEP 03

调出活动连接段，将每一段分开并将它们联集起来，将每两段连在一起，完成项链的输出准备工作，如图13-48所示。

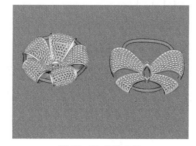

图 13-47 焊接水口

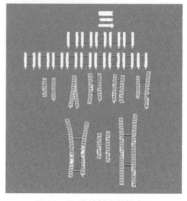

图 13-48 为连接段焊接水口

2. 戒指

将宝石删除，把分件部分取下，在恰当的位置焊接水口，如图13-49所示。

3. 手镯

将宝石全部删除，把能分开的部分全部分开：手镯上半圈、手镯下半圈、弹力片、底片、蝴蝶。在手镯的两个半圈上分别焊接水口进行加固，在蝴蝶翅膀之间焊接水口进行加固，使用水口将底片与弹力片这两个小的配件连接起来，如图13-50所示。

图 13-49 为戒指焊接水口

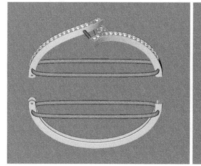

图 13-50 为手镯焊接水口

4. 耳饰

将宝石全部删除，参考项链中的焊接方式为花、蝴蝶焊接水口。为使耳拍后半部分有很好的弹力，一般手工制作该部分。在耳针部分做标记，以便后期手工焊接，如图13-51所示。

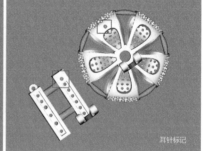

图 13-51 为耳饰焊接水口

◆ 宝石尺寸说明

在款式复杂的首饰的图纸中，配石一般较多，且图纸中只标注了宝石的尺寸范围，在镶嵌宝石时，要注意合理使用尺寸不一的宝石，确保所用宝石的尺寸在已有的宝石尺寸表中。